软件技术系列丛书

  普通高等教育"十三五"应用型人才培养规划教材

J2SE
快速入门经典

J2SE KUAISU RUMEN JINGDIAN

主　编／梅青平　张　望　刘姗姗
副主编／黄吉兰

西南交通大学出版社
·成都·

图书在版编目（CIP）数据

J2SE 快速入门经典 / 梅青平，张望，刘姗姗主编.
—成都：西南交通大学出版社，2016.7
普通高等教育"十三五"应用型人才培养规划教材
ISBN 978-7-5643-4706-2

Ⅰ. ①J… Ⅱ. ①梅… ②张… ③刘… Ⅲ. ①JAVA 语言－程序设计－高等学校－教材 Ⅳ. ①TP312

中国版本图书馆 CIP 数据核字（2016）第 113770 号

普通高等教育"十三五"应用型人才培养规划教材

J2SE 快速入门经典

主编　梅青平　张望　刘姗姗

责 任 编 辑	穆 丰
封 面 设 计	墨创文化
出 版 发 行	西南交通大学出版社 （四川省成都市二环路北一段 111 号 西南交通大学创新大厦 21 楼）
发行部电话	028-87600564　028-87600533
邮 政 编 码	610031
网　　　　址	http://www.xnjdcbs.com
印　　　　刷	成都中铁二局永经堂印务有限责任公司
成 品 尺 寸	185 mm × 260 mm
印　　　　张	15.75
字　　　　数	392 千
版　　　　次	2016 年 7 月第 1 版
印　　　　次	2016 年 7 月第 1 次
书　　　　号	ISBN 978-7-5643-4706-2
定　　　　价	35.00 元

课件咨询电话：028-87600533
图书如有印装质量问题　本社负责退换
版权所有　盗版必究　举报电话：028-87600562

前　言

在最受欢迎的程序设计语言排行榜上，Java 语言已经连续数年位列榜首。一次编写，随处运行，这是一种很有效率的编程方式。跨平台、完全面向对象、既适于单机编程也适合于 Internet 编程等特点，给 Java 语言注入了强大的生命力。而 Java 语言也取得了举世瞩目、全球公认的地位。尽管 Java 很优秀，但是对于第一次接触编程的人来说并不容易学习，尤其是入门，万事开头难，编者讲授多年的 Java 课程，接触到了各种学生，对此深有体会。本书将为您打开一扇通往 Java 世界的大门，使您少走弯路，快速入门，打好坚实的基础。

鲁迅先生曾说过，治学先治史。因此，本书在第 1 章详细介绍了 Java 语言的发展史及语言特点。在介绍第 1 章节之后的第 2、3 章涉及"面向过程的程序设计"内容，是对基本编码能力的培养，先介绍如何使用 Java 语言表示信息以及如何使用 Java 语言处理信息，然后介绍了如何使用选择结构和循环结构。第 4 章"面向对象基础"是对学好 Java 语言乃至其他面向对象编程语言都至关重要的理论篇，首先介绍了如何编写类和如何创建对象，然后进一步介绍了 Java 面向对象的一些高级特性，包括如何实现继承、final 修饰符和 abstract 修饰符的使用、强制类型转换、多态性、Object 类和 Class 类的使用以及内部类的使用等。建议读者学习该篇时要缓进而踏实，精学多悟，可辅以上机实训加强对概念的理解。第 5 章介绍了数组、String 相关类和一些常用的工具类。第 6 章介绍了 Java 异常处理机制。第 7 章介绍了 Java 容器，它是对数组功能的补充。第 8 章为 I/O，介绍了 Java 字符流和字节流以及文件操作。第 9 章讨论了线程和并发处理。第 10 章介绍了基于 TCP 和 UDP 的网络编程。第 11 章介绍了图形用户界面编程，包括 Java 更加高级的功能，如事件响应模型等。Java GUI 编程是重要应用篇，通过该篇的学习，读者可设计出视窗风格的应用程序。本篇的学习策略是实践、再实践，从小的示例到较大的项目设计。由于几乎所有的应用都离不开对数据库的操作，因此，本书在最后一章讨论了如何使用 JDBC 操作数据库。在本教程最后涉及两个实训项目，建议读者在学习完所有章节后，独立完成实训项目的所有功能，将有助于融会贯通所学知识。

  本书在编写过程中得到了张文科老师以及重庆城市管理职业学院 2014 级软件专业许多同学的支持和鼓励，在此表示衷心感谢，由于你们的支持才让此书能尽早面世。同时感谢所有在出版过程中给予帮助的人，谢谢你们，让本书顺利付梓。

  由于水平有限，缺点和欠妥之处难免，恳请读者帮助指正。

  E-mail：leslie_mei@163.com

编 者

2016 年 4 月

目 录

第 1 章 Java 概述 ··· 1
- 1.1 Java 语言历史 ·· 1
- 1.2 什么是 Java ·· 3
- 1.3 Java 语言特性 ·· 3
- 1.4 Java 环境 ··· 5
- 1.5 Eclipse 简介 ··· 10
- 本章小结 ·· 10
- 习　题 ·· 10

第 2 章 程序、数据、变量和计算 ·· 12
- 2.1 标识符、关键字 ··· 12
- 2.2 Java 数据类型 ·· 13
- 2.3 变　量 ·· 18
- 2.4 运算符 ·· 21
- 2.5 表达式 ·· 26
- 本章小结 ·· 27
- 习　题 ·· 27

第 3 章 语　句 ··· 31
- 3.1 决　策 ·· 31
- 3.2 循　环 ·· 37
- 本章小结 ·· 43

习　题 43

第 4 章　面向对象基础 45

4.1　类和对象 45
4.2　static 关键字 58
4.3　this 关键字 61
4.4　包 63
4.5　访问权限 65
4.6　类的继承 70
4.7　super 关键字 73
4.8　Object 类常用方法 76
4.9　final 类、final 方法 77
4.10　对象的上转型对象 77
4.11　方法重写 80
4.12　类的多态 81
4.13　abstract 关键字 82
4.14　接口（interface） 83

本章小结 86

习　题 86

第 5 章　数组与字符串 91

5.1　一维数组 91
5.2　多维数组 94
5.3　数组的常用方法 97
5.4　字符串处理 99

本章小结 107

习　题 107

第6章 异 常 111

6.1 异常的概念 111
6.2 异常分类 112
6.3 异常捕获和处理 113
6.4 自定义异常 116
本章小结 117
习 题 117

第7章 容 器 120

7.1 Collection 接口 120
7.2 Iterator 接口 123
7.3 增强的 for 循环 124
7.4 Set 接口 125
7.5 List 接口 126
7.6 Comparable 接口 127
7.7 Map 接口 128
7.8 泛 型 129
本章小结 130
习 题 130

第8章 I/O 132

8.1 输入/输出流概述 132
8.2 InputStream 类 133
8.3 OutputStream 类 135
8.4 Reader 类 136
8.5 Writer 类 137
8.6 缓冲流 138

8.7 转换流 140

8.8 数据流 142

8.9 打印流 143

8.10 标准输入/输出 144

8.11 对象序列化 145

8.12 文件描述 149

本章小结 152

习　题 152

第 9 章　多线程 157

9.1 线程基本概念 157

9.2 线程的创建和启动 157

9.3 线程的调度和优先级 159

9.4 线程的状态和生命周期 160

9.5 多线程的互斥与同步 164

本章小结 169

习　题 169

第 10 章　网络编程 171

10.1 计算机网络概念 171

10.2 OSI 模型 171

10.3 TCP/IP 模型 172

10.4 Java 网络编程 175

本章小结 187

习　题 187

第 11 章　图形用户界面（GUI） 190

11.1 图形用户界面概述 190

11.2 Java Applet 基础 ··· 191

11.3 Frame 类 ··· 194

11.4 布局管理器 ··· 195

11.5 事件处理 ··· 203

11.6 常用 Swing 组件介绍 ··· 208

本章小结 ··· 211

习　题 ··· 211

第 12 章　与数据库通信 ··· 215

12.1 JDBC 概述 ··· 215

12.2 JDBC 的分类 ··· 215

12.3 JDBC 编程步骤 ··· 217

12.4 存储过程/函数的调用 ··· 221

12.5 事务的执行 ··· 222

本章小结 ··· 223

习　题 ··· 223

参考文献 ··· 241

第1章 Java 概述

1.1 Java 语言历史

1.1.1 Java 语言的起源

Java 是印度尼西亚爪哇岛的英文名称，因盛产咖啡而闻名。Java 语言中的许多库类名称，多与咖啡有关：如 JavaBeans（咖啡豆）、NetBeans（网络豆）以及 ObjectBeans（对象豆）等。SUN 和 Java 的标识也正是一杯正冒着热气的咖啡。

Java 平台和语言最开始只是 SUN 公司在 1990 年 12 月开始研究的一个内部项目。SUN 公司的一个叫做帕特里克·诺顿的工程师被自己开发的 C 语言和 C 语言编译器搞得焦头烂额，因为其中的 API 极其难用。帕特里克·诺顿决定改用 NeXT，同时他也获得了研究公司的一个叫做"Stealth 计划"项目的机会。

"Stealth 计划"后来改名为"Green 计划"，詹姆斯·高斯林和麦克·舍林丹也加入了帕特里克·诺顿的工作小组。他们和其他几个工程师一起在加利福尼亚州门罗帕克市沙丘路的一个小工作室里面研究开发新技术，瞄准下一代智能家电（如微波炉）的程序设计，因为 SUN 公司预料未来科技将在家用电器领域大显身手。团队最初考虑使用 C 语言，但是很多成员包括 SUN 的首席科学家比尔·乔伊，发现 C 和可用的 API 在某些方面存在很大问题。

由于工作小组使用的是内嵌类型平台，因此可用的资源极其有限，很多成员发现 C 太复杂以致很多开发者经常错误使用。他们发现 C 缺少垃圾回收系统，还缺乏可移植的安全性、分布程序设计和多线程功能。最后，他们决定使用一种易于移植到各种设备上的平台。

根据可用的资金，比尔·乔伊决定开发一种集 C 语言和 Mesa 语言搭成的新语言，在一份报告上，乔伊把它叫做"未来"，他提议 SUN 公司的工程师应该在 C 的基础上，开发一种面向对象的环境。最初，高斯林试图修改和扩展 C 的功能，他自己称这种新语言为 C——，但是后来放弃了。他将要创造出一种全新的语言，被他命名为"Oak"（橡树），以他的办公室外的树而命名。

就像很多开发新技术的秘密工程一样，工作小组没日没夜地工作到了 1992 年的夏天，他们能够演示新平台的一部分了，包括 Green 操作系统，Oak 程序设计语言，类库及其硬件。最初的尝试是面向一种类 PDA 设备，被命名为 Star7，这种设备有着鲜艳的图形界面和被称为"Duke"的智能代理来帮助用户。

同年 11 月，Green 计划被转化成了"FirstPerson 有限公司"，一个 SUN 公司的全资子公司，团队也被重新安排到了帕洛阿尔托。FirstPerson 团队对建造一种高度互动的设备感兴趣，当时代华纳发布了一个关于电视机顶盒的征求提议书时（Request for proposal），FirstPerson

改变了他们的目标,作为对征求意见书的响应,提出了一个机顶盒平台的提议。但是有线电视业界觉得 FirstPerson 的平台给予用户过多的控制权,因此 FirstPerson 的投标败给了 SGI,同时与 3DO 公司的另外一笔关于机顶盒的交易也没有成功。由于他们的平台不能在电视工业产生任何效益,公司再并回 SUN 公司。

  1994 年六七月间,在经历了一场历时三天的头脑风暴的讨论之后,约翰·盖吉、詹姆斯·高斯林、比尔·乔伊、帕特里克·诺顿、韦恩·罗斯因和埃里克·斯库米组成的团队决定再一次改变努力的目标,这次他们决定将该技术应用于万维网。他们认为随着 Mosaic 浏览器的到来,因特网正在向同样的高度互动的远景演变,而这一远景正是他们在有线电视网中看到的。作为原型,帕特里克·诺顿写了一个小型万维网浏览器 WebRunner,后来改名为 HotJava。同年,Oak 改名为 Java,因为商标搜索显示,Oak 已被一家显卡制造商注册,因此团队找到了一个新名字。这个名字是在很多成员常去的本地咖啡馆中杜撰出来的(名字是不是首字母缩写还不清楚,很大程度上来说不是)。虽然有人声称是开发人员名字的组合:JamesGosling(詹姆斯·高斯林)、ArthurVanHoff(阿瑟·凡·霍夫)、AndyBechtolsheim(安迪·贝克托克姆),或者"JustAnotherVagueAcronym"(只是另外一个含糊的缩写)。还有一种比较可信的说法是这个名字是出于对咖啡的喜爱,所以以 Java 咖啡来命名。

  1994 年 10 月,HotJava 和 Java 平台对公司高层进行演示。1994 年,Java1.0a 版本已经可以提供下载,但是 Java 和 HotJava 浏览器的第一次公开发布却是在 1995 年 5 月 23 日 SunWorld 大会上进行的,SUN 公司的科学指导约翰·盖吉宣告 Java 技术发布。这个发布是与网景公司的执行副总裁马克·安德森的惊人发布一起进行的,宣布网景将在其浏览器中包含对 Java 的支持。1996 年 1 月,Sun 公司成立了 Java 业务集团,专门开发 Java 技术。

1.1.2 Java 语言发展史

1995 年 5 月 23 日,Java 语言诞生。
1996 年 1 月,第一个 JDK-JDK1.0 诞生。
1996 年 4 月,10 个最主要的操作系统供应商申明将在其产品中嵌入 Java 技术。
1996 年 9 月,约 8.3 万个网页应用了 Java 技术来制作。
1997 年 2 月 18 日,JDK1.1 发布。
1997 年 4 月 2 日,JavaOne 会议召开,参与者逾一万人,创当时全球同类会议规模之纪录。
1997 年 9 月,JavaDeveloperConnection 社区成员超过十万。
1998 年 2 月,JDK1.1 被下载超过 2000000 次。
1998 年 12 月 8 日,Java2 企业平台 J2EE 发布。
1999 年 6 月,SUN 公司发布 Java 的三个版本:标准版(JavaSE)、企业版(JavaEE)和微型版(JavaME)。
2000 年 5 月 8 日,JDK1.3 发布。
2000 年 5 月 29 日,JDK1.4 发布。
2001 年 6 月 5 日,NOKIA 宣布,到 2003 年将出售 1 亿部支持 Java 的手机。
2001 年 9 月 24 日,J2EE1.3 发布。
2002 年 2 月 26 日,J2SE1.4 发布,自此 Java 的计算能力有了大幅提升。

2004 年 9 月 30 日，J2SE1.5 发布，成为 Java 语言发展史上的又一里程碑。为了表示该版本的重要性，J2SE1.5 更名为 JavaSE5.0。

2005 年 6 月，JavaOne 大会召开，SUN 公司公开 JavaSE6。此时，Java 的各种版本已经更名，以取消其中的数字"2"：J2EE 更名为 JavaEE，J2SE 更名为 JavaSE，J2ME 更名为 JavaME。

2006 年 12 月，SUN 公司发布 JRE6.0。

2009 年 4 月 7 日，GoogleAppEngine 开始支持 Java。

2009 年 04 月 20 日，甲骨文 74 亿美元收购 Sun，取得 Java 的版权。

2010 年 11 月，由于甲骨文对于 Java 社区的不友善，因此 Apache 扬言将退出 JCP。

2011 年 7 月 28 日，甲骨文发布 Java7.0 的正式版。

2014 年 3 月 19 日，甲骨文公司发布 Java8.0 的正式版。

1.2 什么是 Java

Java 是一种革命性的程序设计语言，用它编写的程序可以在不同类型的计算机上运行。能用 Java 语言编写 applet 小程序，并嵌入网页中，可达到智能交互效果。可以令人满意的方式与用户交互，包括动画、游戏、交互的事务处理，几乎无所不能。

把 Java 程序嵌入网页中对安全性有特别高的要求。当作为 Internet 用户访问嵌入了 Java 代码的网页时，用户需要确信这种访问不会对自己计算机的操作有任何干扰，也不会破坏自己系统上的数据。Java 内部包含了各种措施，以便将 Java applet 引起的种种不安全性减到最小。

Java 对 Internet 和基于网络的应用程序支持不局限于 applet。例如，JSP（Java Server Pages）提供了强大的建立服务器应用程序的方法。当服务器接收到请求（request）后，会动态建立并下载 HTML 网页到客户端，准确地满足用户请求。用 JSP 生成的网页也可以包含 Java applet。

可用 Java 编写大型应用程序，应用程序不加修改，就能在任何装有支持 Java 的操作系统的计算机上运行。也就是说，用 Java 编写的应用程序可以在当今大多数计算机上运行。程序员可以用 Java 编写普通的应用程序，也可编写 applet 应用程序。

Java 提供了用来创建带有图形用户界面（GUI）的综合应用程序，包含大量图形处理和图形编程的应用程序，以及支持关系数据库（relation database）访问和通过网络与远程计算机通信的网络程序。现在，用 Java 几乎可以有效地编写任何应用程序，而且这些应用程序还具有完全的可移植性。

1.3 Java 语言特性

（1）Java 是跨平台的。它的设计一开始就是独立于机器的，无论一个应用程序在多少种不同的计算机平台上运行，用 Java 编写的应用程序仅需要一套源代码。用其他语言编写程序时，常常需要调整源代码，以便适应不同的计算机环境，那些需要涉及大量图形界面的应用更是如此。对于开发、支持和维护在若干不同硬件平台和操作系统上运行的应用程序，用 Java 语言编写可以节省相当可观的时间和资源。

（2）Java 语言是简单的。Java 语言的语法与 C 语言和 C++语言很接近，使得大多数程序员很容易学习和使用 Java。同时，Java 丢弃了 C++中很少使用的、很难理解的、令人迷惑的那些特性，如操作符重载、多继承、自动的强制类型转换。特别地，Java 语言不使用指针，并提供了自动的垃圾收集，使得程序员不必为内存管理而担忧。

（3）Java 语言是面向对象的。Java 语言提供类、接口和继承等原语，为了简单起见，只支持类之间的单继承，但支持接口之间的多继承，并支持类与接口之间的实现机制（关键字为 implements）。总之，Java 语言是一个"纯的"面向对象程序设计语言。

（4）Java 语言是分布式的。Java 语言支持 Internet 应用的开发，在基本的 Java 应用编程接口中有一个网络应用编程接口，它提供了用于网络应用编程的类库，包括 URL、URLConnection、Socket、ServerSocket 等。Java 的 RMI（远程方法激活）机制也是开发分布式应用的重要手段。

（5）Java 语言是健壮的。Java 的强类型机制、异常处理、垃圾的自动收集等是 Java 程序健壮性的重要保证。对指针的丢弃是 Java 的明智选择。Java 的安全检查机制使得 Java 更具健壮性。

（6）Java 语言是安全的。Java 通常被用在网络环境中，为此，Java 提供了一个安全机制以防恶意代码的攻击。Java 对通过网络下载的类具有一个安全防范机制（类 ClassLoader），如分配不同的名字空间以防止替代本地的同名类、字节代码检查，并提供安全管理机制（类 SecurityManager）使 Java 应用设置安全哨兵。

（7）Java 语言是可移植的。这种可移植性来源于体系结构中立性，另外，Java 还严格规定了各个基本数据类型的长度。Java 系统本身也具有很强的可移植性，Java 编译器是用 Java 实现的，Java 的运行环境是用 ANSI C 实现的。

（8）Java 语言是解释型的。如前所述，Java 程序在 Java 平台上被编译为字节码格式，然后可以在实现这个 Java 平台的任何系统中运行。在运行时，Java 平台中的 Java 解释器对这些字节码进行解释执行，执行过程中需要的类在链接阶段被载入到运行环境中。

（9）Java 是高性能的。与那些解释型的高级脚本语言相比，Java 的确是高性能的。事实上，Java 的运行速度随着 JIT（Just-In-Time）编译器技术的发展越来越接近于 C++。

（10）Java 语言是多线程的。在 Java 语言中，线程是一种特殊的对象，它必须由 Thread 类或其子（孙）类来创建。通常有两种方法来创建线程：（1）使用型构为 Thread(Runnable) 的构造字将一个实现了 Runnable 接口的对象包装成一个线程，（2）从 Thread 类派生出子类并重写 run 方法，使用该子类创建的对象即为线程。值得注意的是 Thread 类已经实现了 Runnable 接口，因此，任何一个线程均有它的 run 方法，而 run 方法中包含了线程所要运行的代码。线程的活动由一组方法来控制。Java 语言支持多个线程的同时执行，并提供多线程之间的同步机制（关键字为 synchronized）。

（11）Java 语言是动态的。Java 语言的设计目标之一是适应于动态变化的环境。Java 程序需要的类能够动态地被载入到运行环境，也可以通过网络来载入所需要的类。这也有利于软件的升级。另外，Java 中的类有一个运行时刻的表示，能进行运行时刻的类型检查。

1.4　Java 环境

1.4.1　安装和配置 JDK

学习 Java 需要有一个程序开发环境，目前有许多很好的 Java 程序开发环境可用。

学习 Java 最好选用 Sun 公司的推出的 Java 开发工具箱 JDK。可以登录到甲骨文公司的网站（http://www.oracle.com/technetwork/Java/Javase/downloads/index.html），免费下载最新版本 JDK（见图 1.1）。

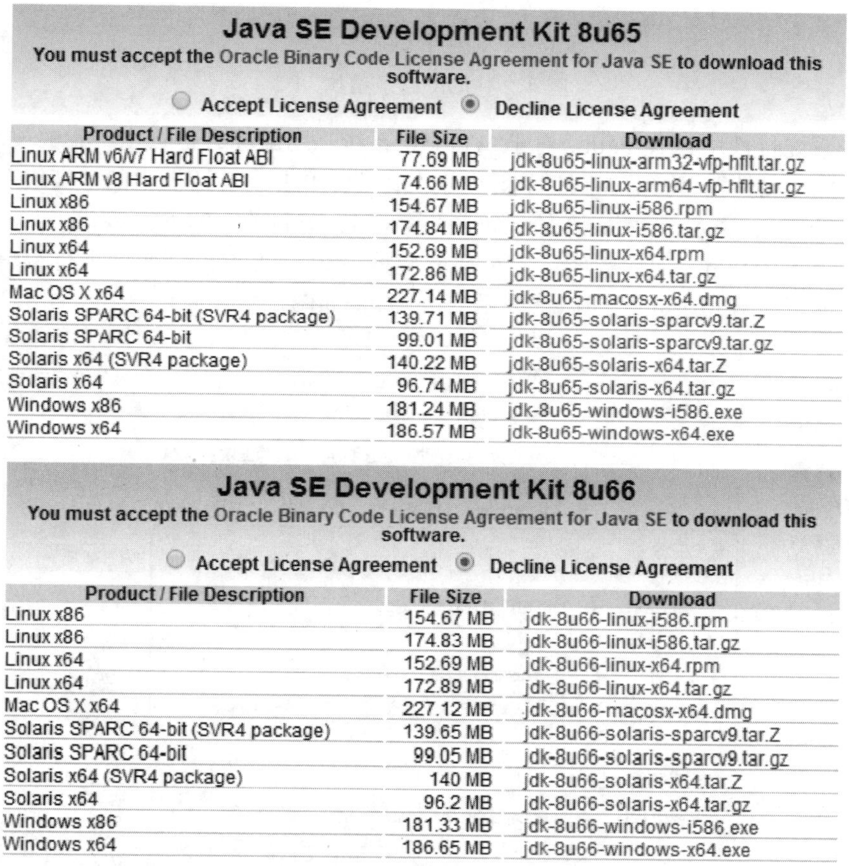

Java SE Development Kit 8u65

You must accept the Oracle Binary Code License Agreement for Java SE to download this software.

○ Accept License Agreement　◉ Decline License Agreement

Product / File Description	File Size	Download
Linux ARM v6/v7 Hard Float ABI	77.69 MB	jdk-8u65-linux-arm32-vfp-hflt.tar.gz
Linux ARM v8 Hard Float ABI	74.66 MB	jdk-8u65-linux-arm64-vfp-hflt.tar.gz
Linux x86	154.67 MB	jdk-8u65-linux-i586.rpm
Linux x86	174.84 MB	jdk-8u65-linux-i586.tar.gz
Linux x64	152.69 MB	jdk-8u65-linux-x64.rpm
Linux x64	172.86 MB	jdk-8u65-linux-x64.tar.gz
Mac OS X x64	227.14 MB	jdk-8u65-macosx-x64.dmg
Solaris SPARC 64-bit (SVR4 package)	139.71 MB	jdk-8u65-solaris-sparcv9.tar.Z
Solaris SPARC 64-bit	99.01 MB	jdk-8u65-solaris-sparcv9.tar.gz
Solaris x64 (SVR4 package)	140.22 MB	jdk-8u65-solaris-x64.tar.Z
Solaris x64	96.74 MB	jdk-8u65-solaris-x64.tar.gz
Windows x86	181.24 MB	jdk-8u65-windows-i586.exe
Windows x64	186.57 MB	jdk-8u65-windows-x64.exe

Java SE Development Kit 8u66

You must accept the Oracle Binary Code License Agreement for Java SE to download this software.

○ Accept License Agreement　◉ Decline License Agreement

Product / File Description	File Size	Download
Linux x86	154.67 MB	jdk-8u66-linux-i586.rpm
Linux x86	174.83 MB	jdk-8u66-linux-i586.tar.gz
Linux x64	152.69 MB	jdk-8u66-linux-x64.rpm
Linux x64	172.89 MB	jdk-8u66-linux-x64.tar.gz
Mac OS X x64	227.12 MB	jdk-8u66-macosx-x64.dmg
Solaris SPARC 64-bit (SVR4 package)	139.65 MB	jdk-8u66-solaris-sparcv9.tar.Z
Solaris SPARC 64-bit	99.05 MB	jdk-8u66-solaris-sparcv9.tar.gz
Solaris x64 (SVR4 package)	140 MB	jdk-8u66-solaris-x64.tar.Z
Solaris x64	96.2 MB	jdk-8u66-solaris-x64.tar.gz
Windows x86	181.33 MB	jdk-8u66-windows-i586.exe
Windows x64	186.65 MB	jdk-8u66-windows-x64.exe

图 1.1　甲骨文 JDK 下载页面

从网上下载的 JDK 是一个可执行文件，将其安装在 C 盘下（默认安装即可）。安装完成后目录结构如图 1.2 所示。

bin 目录是一些开发工具，文件夹中含有编译器（Javac.exe、解释器(Java.exe)和一些其他的可执行文件。为了方便用户使用编译器和解释器，应当将 bin 包含在 path 的设置中，如果使用 Windows 操作系统，用户可以在 ms-dos 命令行键入下列命令后回车确定即可：

Path C:\Program Files\Java\jdk1.8.0_25\bin

图 1.2　JDK 目录结构

也可以在系统特性中设置 Path。对于 Window 系统，用鼠标右键点击"我的电脑"，弹出菜单，然后选择"属性"，弹出"系统特性"对话框，再单击该对话框中的"高级"选项，然后点击按钮"环境变量"，添加如下的系统环境变量名 Path，变量值 C:\Program Files\Java\jdk1.8.0_25\bin。如果曾经设置过环境变量 Path，可点击该变量进行编辑操作，将需要的值加入即可（环境变量之间以"分号"分隔），如图 1.3 所示。

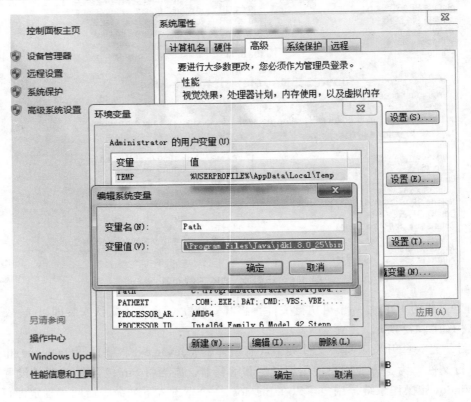

图 1.3　环境变量配置

JDK 的安装目录的 JRE 文件夹中包含着 Java 应用程序运行时所需要的 Java 类库和虚拟

机,这些类库被包含在"jre\lib"中的压缩文件 rt.jar 中。安装 JDK 有时还需要设置环境变量 classpath 的值,并修改为:

C:\Program Files\Java\jre1.8.0_25\lib\rt.jar;

1.4.2 一个 Java 程序的开发过程

Java 程序的开发过程如图 1.4 所示。字节码文件是与平台无关的二进制码,执行时由解释器解释成本地机器码,解释一句,执行一句。

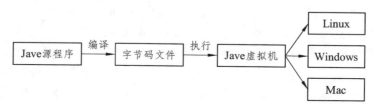

图 1.4 开发 Java 程序流程图

(1)编写源文件使用一个文字编辑器(如 Edit 或记事本),来编写源文件。不可使用 Word 编辑器,因它含有不可见字符。将编好的源文件保存起来,源文件的扩展名必须是".Java"。

(2)编译 Java 源程序。使用 Java 编译器 Javac.exe 编译源文件得到字节码文件。

(3)运行 Java 程序。

Java 程序分为两种:Java 应用程序和 Java 小应用程序。

(1)Java 应用程序必须通过 Java 解释器 Java.exe 来解释执行其字节码文件 ;

(2)Java 小应用程序必须通过支持 Java 标准的浏览器来解释执行。

你马上就会知道怎样使用解释器和浏览器来运行程序,普遍使用的 Netscape Navigator 和 Microsoft Explorer 都完全支持 Java。

1.4.3 第一个 Java 程序(HelloWorld)

1. 编写源文件

```
public class HelloWorld {
     public static void main (String args[ ]){
          System.out.println("HelloWorld!");
     }
}
```

注意:Java 源程序中语句所涉及的小括号及标点符号都是英文状态下输入的括号和标点符号,比如"HelloWorld"中的引号必须是英文状态下的引号,而字符串里面的符号不受汉语输入或英文输入状态的限制。

一个 Java 源程序是由若干个类组成的。如果你学过 C 语言,你就会知道一个 C 源程序是由若干个函数组成的。上面的这个 Java 应用程序简单到只有一个类,类的名字是由我们起的,叫"HelloWorld"。

class 是 Java 的关键字，用来定义类的。public 也是关键字，说明 HelloWorld 是一个 public 类，我们将会在后面系统学习类的定义和使用。第一个大括号和最后一个大括号以及它们之间的内容叫做类体。

public static void main(String args[])是类体中的一个方法，之后的两个大括号以及之间的内容叫做方法体。一个 Java 应用程序必须有一个类且只有一个类含有这样的 main 方法，这个类称为应用程序的主类。public、static 和 void 分别是对 main 方法的说明。在一个 Java 应用程序中 main 方法必须被声明为 public static void。

String args[]声明一个字符串类型的数组 args[]。注意 String 的第一个字母是大写的，它是 main 方法的参数，以后会学习怎样使用这个参数。main 方法是程序开始执行的位置。现在将源文件保存到"d:\Java"中，并命名为 HelloWorld.Java。注意不可写成 helloworld.Java，因为 Java 语言是区分大小写的。源文件的命名规则是这样的，如果源文件中有多个类，那么只能有一个类是 public 类。如果有一个类是 public 类，那么源文件的名字必须与这个类的名字完全相同，扩展名是".Java"。如果源文件没有 public 类，那么源文件的名字只要和某个类的名字相同，并且扩展名是".Java"就可以了。

2. 编　译

当创建了 HelloWorld.Java 这个源文件后，就要使用 Java 编译器 Javac.exe 对其进行编译：
d:\Java\>Javac HelloWorld.Java

编译完成后生成一个 HelloWorld.class 文件，该文件称为字节码文件。这个字节码文件 HelloWorld.class 将被存放在与源文件相同的目录中。如果 Java 源程序中包含了多个类，那么用编译器 Javac 编译完源文件后将生成多个扩展名为.class 的文件，每个扩展名是.class 的文件中只存放一个类的字节码，其文件名与该类的名字相同。这些字节码文件将被存放在与源文件相同的目录中。如果对源文件进行了修改，那么必须重新编译，再生成新的字节码文件。

注意：如果你在安装 JDK 时没有另外指定目录，Javac.exe 和 Java.exe 被存放在"C:\jdk\bin下"，如果想在任何目录下都能使用编译器和解释器，应在 Dos 提示符下键入下列命令"C:\>path c:\Program Files\Java jdk\bin"，或将 Javac.exe 所在路径配置到 Path 环境变量中。

3. 运　行

使用 Java 解释器 Java.exe 运行这个应用程序：
d:\Java\>Java HelloWorld
屏幕将显示如下信息
HelloWorld!

注意：当 Java 应用程序中有多个类时，Java 后的类名必须是包含了 main 方法的那个类的名字，即主类的名字。

我们再看一个简单的 Java 应用程序。也许你现在还看不懂这个程序，但你必须知道怎样命名，怎样保存源程序，怎样使用编译器编译源程序，怎样使用解释器运行程序。

源程序：

```java
public class People{
    float hight,weight;
    String head, ear, mouth;
    void speak(String s){
        System.out.println(s);
    }
}
class A{
    public static void main(String args[]){
        People zhubajie;
        zhubajie=new People();
        zhubajie.weight=200f;
        zhubajie.hight=1.70F;
        zhubajie.head="大头";
        zhubajie.ear="两只大耳朵";
        zhubajie.mouth="一只大嘴";
        System.out.println("重量"+zhubajie.weight+"身高" +zhubajie.hight);
        System.out.println(zhubajie.head+zhubajie.mouth+zhubajie.ear);
        zhubajie.speak("师傅,咱们别去西天了,改去月宫吧");
    }
}
```

我们必须把源文件保存起来并命名为 People.Java（回忆一下源文件起名的规定）。假设保存 People.Java 在 D:\Java 下。

编译源文件：

D:\Java\>Javac People.Java

如果编译成功，你的目录 Java 下就会有 People.class 和 A.class 这两个字节码文件了。

执行程序：

D:\Java\>Java A

Java 命令后的名字必须是含有 main 方法的那个类的名字，运行效果如图 1.5 所示。

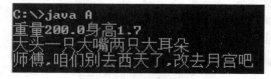

图 1.5　运行结果

1.5 Eclipse 简介

Eclipse 是著名的跨平台的自由集成开发环境（IDE）。最初主要用来进行 Java 语言开发，现在通过安装不同的插件 Eclipse 可以支持不同的计算机语言，比如 C++和 Python 等开发工具。Eclipse，本身只是一个框架平台，但是众多插件的支持使得 Eclipse 拥有其他功能相对固定的 IDE 软件很难具有的灵活性。许多软件开发商以 Eclipse 为框架开发自己的 IDE。本教材大部分案例采用 Eclipse 编写。

本章小结

- Java 程序固有特性。
- Java 程序源代码保存在扩展名为".Java"的文件中。
- Java 程序被编译成为 Java 虚拟机指令字节码（文件扩展名为".class"）。Java 虚拟机解释执行字节码文件，因此保证了 Java 程序跨平台性质。
- Java 开发工具包（JDK）支持 Java 应用程序和 applet 的编译和执行。

习 题

一、选择题

1. 下列不属于 Java 语言鲁棒性特点的是（　　）。
A. Java 能检查程序在变异和运行时的错误
B. Java 能运行虚拟机实现跨平台
C. Java 自己操纵内存减少了内存出错的可能性
D. Java 还实现了真数组，避免了覆盖数据的可能

2. Java 语言的执行模式是（　　）。
A. 全编译型
B. 全解释型
C. 半编译和半解释型
D. 同脚本语言的解释模式

3. 下列关于虚拟机说法错误的是（　　）。
A. 虚拟机可以用软件实现
B. 虚拟机部可以用硬件实现
C. 字节码是虚拟机的机器码
D. 虚拟机把代码程序与各操作系统和硬件分开

4. Java 语言是 1995 年由（　　）公司发布的。

A. Sun	B. Microsoft
C. Borland	D. Fox Software

5. Java 程序的执行过程中用到一套 JDK 工具，其中 Javac.exe 指（　　）。

A. Java 语言编译器	B. Java 字节码解释器
C. Java 文档生成器	D. Java 类分解器

6. 每个 Java 的编译单元可包含多个类，但是每个编译单元最多只能有（　　）类是公共的。

A. 一个	B. 两个	C. 四个	D. 任意多个

7. 在当前的 Java 实现中，每个编译单元就是一个以（　　）为后缀的文件。

A. Java	B. class
C. doc	D. exe

二、填空题

1. 1991 年，SUN 公司的 Jame Gosling 和 Bill Joe 等人，为电视、控制烤面包机等家用电器的交互操作开发了一个_____软件，它是 Java 的前身。

2. Java 是一个网络编程语言，简单易学，利用了_____的技术基础，但又独立于硬件结构，具有可移植性、健壮性、安全性、高性能。

3. Java 可以跨平台的原因是_____。

4. JVM 的执行过程有三个特点：多线程，_____，异常处理。

5. Java 的产品主流操作系统平台是 Solaris、_____和 Macintosh。

6. Java 系统运行时，通过_____机制周期性的释放无用对象所使用的内存，完成对象的清除。

7. 在 Java 语言中，将后缀名为_____的源代码文件编译后形成后缀名为.class 的字节码文件。

8. Java 语言的执行模式是半编译和_____。

9. Java 类库具有_____的特点，保证了软件的可移植性。

10. Java Application 应用程序的编写和执行分 3 步进行：编写源代码、编译源代码、_____。

11. 每个 Java 应用程序可以包括许多方法，但必须有且只能有一个_____方法。

12. Java 源文件中最多只能有一个_____类，其他类的个数不限。

三、程序题

1. 编写一个显示"HelloWorld!"的 Java 应用程序。

第 2 章 程序、数据、变量和计算

2.1 标识符、关键字

1. 标识符

用来标识类名、变量名、方法名、类型名、数组名、文件名的有效字符序列称为标识符。简单地说，标识符就是一个名字。

Java 语言规定标识符由字母、下划线、美元符号和数字组成，并且第一个字符不能是数字字符。下列都是合法的标识符

Girl_$，www_12$，$23boy。

标识符中的字母是区分大小写的，Boy 和 boy 是不同的标识符。Java 语言使用 unicode 标准字符集，最多可以识别 65 535 个字符，unicode 字符表的前 128 个字符刚好是 ASCII 表。每个国家的"字母表"的字母都是 unicode 表中的一个字符，比如汉字中的"你"字就是 unicod 表中的第 20 320 个字符。Java 所谓的字母包括了世界上任何语言中的"字母表"，因此，Java 所使用的字母不仅包括通常的拉丁字母 a、b、c 等，也包括汉语中的汉字，日文里的片假名、平假名，朝鲜文以及其他许多语言中的文字。

Java 标识符命名规则是约定俗成的，Java 标识符选取遵循"见名时识意"，且不能与 Java 语言的关键字重名的原则。

2. 关键字

关键字又称为保留字，是 Java 语言中具有特殊意义和用途的标识符，这些标识符由系统使用，不能作为一般用户定义的标识符使用。因此，这些标识符称为保留字（Reserved Word）。Java 语言中的保留字如表 2.1 所示。

表 2.1 Java 语言中的保留字

abstract	Break	byte	boolen	Catch
case	char	Class	continue	default
do	double	else	extends	false
final	float	for	Finally	if
import	implements	int	interface	instanceof
long	length	native	new	null

续表 2.1

abstract	Break	byte	boolen	Catch
package	private	protected	public	return
switch	synchronized	short	static	super
try	true	this	throw	throws
threadsafe	transient	void	volatile	while

2.2　Java 数据类型

Java 数据类型分为基本数据类型和引用数据类型。Java 基本数据类型共有八种，可以分为三类，分别为字符类型 char，布尔类型（boolean）以及数值类型（byte、short、int、long、float、double）。数值类型又可以分为整数类型（byte、short、int、long）和浮点数类型（float、double）。Java 中的数值类型不存在无符号的类型，它们的取值范围是固定的，不会随着机器硬件环境或者操作系统的改变而改变。实际上，Java 中还存在另外一种基本类型（void），它也有对应的包装类 Java.lang.Void，不过我们无法直接对它们进行操作。具体划分如图 2.1 所示。

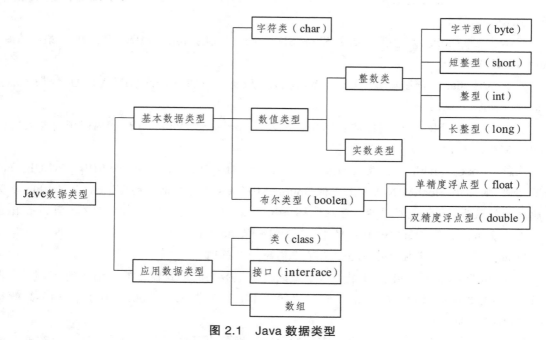

图 2.1　Java 数据类型

八种类型表示范围如下：

byte：8 位，最大存储数据量是 255，存放的数值围是 – 128 ~ 127。

short：16 位，最大数据存储量是 65 536，数值范围是 – 32 768 ~ 32 767

int：32 位，最大数据存储容量是 $2^{32}-1$，数据范围是 $-2^{31}\sim 2^{63}-1$。
long：64 位，最大数据存储容量是 $2^{64}-1$，数据范围为 $-2^{63}\sim 2^{63}-1$。
float：32 位，数据范围在 3.4E-45～1.4e38，直接赋值时必须在数字后加上 f 或 F。
double：64 位，数据范围在 4.9E-324～1.8E308，赋值时可以加 d 或 D 也可以不加。
boolean：只有 true 和 false 两个取值。
char：16 位，存储 Unicode 码，用单引号赋值。

Java 决定了每种简单类型的大小，这些大小并不随着机器结构的变化而变化。这种大小的不可更改正是 Java 程序具有很强移植能力的原因之一。如表 2-2 所示列出了 Java 中定义的简单类型、占用二进制位数及对应的封装器类。

表 2-2 Java 基础类型占用存储空间与封装类

简单类型	boolean	byte	char	short	int	long	float	double	void
二进制位数	1	8	16	16	32	64	32	64	--
封装器类	Boolean	Byte	Character	Short	Integer	Long	Float	Double	Void

对于数值类型的基本类型的取值范围，我们无需强制去记忆，因为它们的值都已经以常量的形式定义在对应的包装类中了。如：

基本类型 byte 二进制位数：Byte.SIZE，最小值：Byte.MIN_VALUE，最大值：Byte.MAX_VALUE。

基本类型 short 二进制位数：Short.SIZE，最小值：Short.MIN_VALUE，最大值：Short.MAX_VALUE。

基本类型 char 二进制位数：Character.SIZE，最小值：Character.MIN_VALUE，最大值：Character.MAX_VALUE。

基本类型 double 二进制位数：Double.SIZE，最小值：Double.MIN_VALUE，最大值：Double.MAX_VALUE。

注意：float、double 两种类型的最小值与 Float.MIN_VALUE、Double.MIN_VALUE 的值并不相同。实际上 Float.MIN_VALUE 和 Double.MIN_VALUE 分别指的是 float 和 double 类型所能表示的最小正数。也就是说，存在这样一种情况，0 到±Float.MIN_VALUE 之间的值 float 类型无法表示，0 到±Double.MIN_VALUE 之间的值 double 类型也无法表示。这并没有什么好奇怪的，因为这些范围内的数值超出了它们的精度范围。

Float 和 Double 的最小值和最大值都是以科学记数法的形式输出的，结尾的"E+数字"表示 E 之前的数字要乘以 10 的多少倍。比如 3.14E3 就是 3.14×1000=3140，3.14E-3 就是 3.14/1000=0.00314。

Java 基本类型存储在栈中，因此它们的存取速度要快于存储在堆中的对应包装类的实例对象。从 Java5.0（1.5）开始，Java 虚拟机（Java Virtual Machine）可以完成基本类型和它们对应包装类之间的自动转换。因此我们在赋值、参数传递以及数学运算的时候像使用基本类型一样使用它们的包装类，但这并不意味着你可以通过基本类型调用它们的包装类具有的方法。另外，所有基本类型（包括 void）的包装类都使用了 final 修饰，因此我们无法继承它们扩展新的类，也无法重写它们的任何方法。

2.2.1 Java 语言基本数据类型

1. boolean 类型

boolean 类型适于逻辑运算，一般用于程序流程控制。boolean 类型数据只允许取值 true 或 false，不可以 0 或非 0 的整数代替 true 和 false，这和 c 语言不同。

用法举例：
boolean flag;
flag = true;
if(flag == true) {
  do something
}
boolean常量取值：true，false。

变量的定义：使用关键字boolean来定义逻辑变量：
boolean x; boolean tom_12;
也可以一次定义几个：
boolean x,tom,jiafei;
x,tom,jiafei都是变量的名字。定义时也可以赋给初值：
boolean x=true,tom=false;

2. 整数类型

常量：1 236 000（十进制），077(八进制)，0x3ABC(十六进制)。整型变量的定义分为 4 种：
1）int 型
使用关键字 int 来定义 int 型整型变量：
int x ;
int tom_12;
也可以一次定义几个
int x,tom,jiafei;
x,tom,jafei 都是名字。定义时也可以赋给初值：
int x= 12,tom= − 1230;

Java 各整数类型有固定的表述范围和字段长度，不受具体操作系统的影响，以保证 Java 程序的可移植性。对于 int 型变量，内存分配给 4 个字节（byte），一个字节由 8 位（bit）组成，4 个字节占 32bit。bit 有两种状态，分别用 0，1 来表示，这样计算机就可以使用 2 进制数来存储信息了。内存是一种特殊的电子元件，如果把内存条放大到摩天大楼那么大，那么它的基本单位字节，就好比是大楼的房间，每个房间的结构都是完全相同的，一个字节由 8

个能显示两种状态的 bit 组成，就好比每个房间里有 8 个灯泡，每个灯泡有两种状态亮灯灭灯。对于

  int x=7;

内存存储状态如下

  00000000 00000000 00000000 00000111(B)。

  最高位左边的第一位是符号位，用来区分正数或负数，正数使用原码表示，最高位是 0。负数用补码表示，最高位是 1，例如，

  int x= – 8

  内存的存储状态的如下：

  11111111 11111111 11111111 11111000(B)。

  要得到 – 8 的补码,首先得到 7 的原码，然后将 7 的原码中的 0 变成 1。1 变成 0 就是 – 8 的补码了。因此，int 型变量的取值范围是 $-2^{31} \sim 2^{31} - 1$。

2）byte 型

  使用关键字 byte 来定义 byte 型整型变量：

  byte x;

  byte tom_12;

也可以一次定义几个：

  byte x,tom,jiafei;

x,tom,jafei 都是名字。定义时也可以赋给初值。

  byte x= – 12,tom=28;

  注意：对于 byte 型变量，内存分配给 1 个字节，占 8 位，因此 byte 型变量的取值范围是：$-2^7 \sim 2^7 - 1$。

3）short 型

  使用关键字 short 来定义 short 型整型变量：

  short x;

  short tom_12;

  也可以一次定义几个：

  short x,tom,jafei;

  x,tom,jafei 都是名字。定义时也可以赋给初值：

  short x= 12,tom=1234,Jafei=9876;

  注意：对于 short 型变量，内存分配给 2 个字节，占 16 位，因此 short 型变量的取值范围是 $-2^{15} \sim 2^{15} - 1$。

4）long 型

  使用关键字 long 来定义 long 型整型变量

  long x;

  long tom_12;

也可以一次定义几个，

  long x,tom,jiafei;

x,tom,jiafei 都是名字。定义时也可以赋给初值，

long x= 12,tom=1234;

注意：Java语言的整型常量默认为int型，声明long型常量可以后加"l"或者"L"，如int i1 = 600;（正确），long i1 = 88888888888888L;（必须加上L），否则出错）对于long型变量，内存分配给8个字节，占64位，因此long型变量的取值范围是 $-2^{63} \sim 2^{63}-1$。

3. 字符类型

字符常量为用单引号扩起来的单个字符，例如：char echar = 'a'; char cchar = '中'。

Java语言中还允许使用转义字符'\'来将其后的字符串变为其他含义，例如：char c2 = '\n'; 表示换行。

Java 使用 Unicode 字符集，所以常量共有 65 535 个。

变量的定义：使用关键字char来定义字符变量：

char x, char tom_12;

也可以一次定义几个

char x,tom,jafei;

x,tom,jafei 都是变量名字。定义时也可以赋给初值

char x='A' ,tom='家';

char型变量，内存分配给2个字节，占16位，最高位不用来表示符号，没有负数的char。char型变量的取值范围是0~65 536。对于

char x='a';

内存 x 中存储的是 97，97 是字符 a 在 Unicode 表中的排序位置。因此，允许将上面语句写成

char x=97;

要观察一个字符在 Unicode 表中的顺序位置，必须使用 int 类型显示转换，如(int)'a'。不可以使用 short 型转换，因为 char 的最高位不是符号位。如果要得到一个 0~65 536 的数所代表的 Unicode 表中相应位置上的字符也必须使用 char 型显示转换。

在下面的例子中，分别用显示转换来显示一些字符在 Unicode 表中的位置，以及某些位置上的字符（效果见图 2.2）。

```
public class Example2.1{
public static void main (String args[ ]){
        char chinaWord='你',japanWord=' ';
        int p1=20328,p2=12358;
        System.out.println("汉字\'你\'字在 unicode 表中的顺序位置:"+(int)chinaWord);
         System.out.println("日语\' \'字在 unicode 表中的顺序位置:"+(int)japanWord);
        System.out.println("unicode 表中第 20328 位置上的字符是:"+(char)p1);
        System.out.println("unicode 表中第 12358 位置上的字符是:"+(char)p2);
    }
}
```

```
C:\>java Test
汉字'你'字在 unicode 表中的顺序位置:20320
日语','字在 unicode 表中的顺序位置:32
unicode 表中第 20328 位置上的字符是:饱
unicode 表中第 12358 位置上的字符是:う
```

图 2.2　运行效果

4. 浮点类型、实型

与整数类型类似，Java 浮点类型有固定的表示范围和字段长度，不受平台影响。
Java 浮点类型常量有两种表示形式
十进制数形式，例如：3.14，314.0，.314；
科学记数法形式，如 3.14e2，3.14E2，100EⅡ。
Java 浮点类型常量默认为 double 型。
浮点型分两种：

1）float 型
如要声明一个常量为 float 型，则需要在数值后面加上 f 或者 F，如：
double d = 12345.6(正确)，　float f = 12.3f（必须加上 f，否则出错）。
变量的定义使用关键字 float 来定义 float 型变量

　　float x;

　　float tom_12;

也可以一次定义几个：

　　float x,tom,jiafei;

x,tom,jiafei 都是名字。定义时也可以赋给初值

　　float x= 12.76f,tom=1234.987f;

注意：对于 float 型变量，内存分配给 4 个字节，占 32 位。

2）double 型
变量的定义使用关键字 double 来定义 double 型变量

　　double x;

　　double tom_12;

也可以一次定义几个

　　double x,tom,jiafei;

x,tom,jiafei 都是名字。定义时也可以赋给初值

　　double x= 12.76,tom=1234098.987;

注意：double 型变量，内存分配给 8 个字节，占 64 位。

2.3　变　量

变量是一块取了名字的、用来存储 Java 程序信息的内存区域，其要素包括变量类型和作

用域。Java 程序中每个变量都属于特定的数据类型,在使用前必须对其声明,声明格式为:
Type varName = value;
例如:
int i = 100;
float f = 12.3f;
double d1,d2,d3 = 0.123;
String s = "Hello";

如果你定义了一个存储整型数据的变量,就不能用它来存储 0.75 这样的数据类型。因为每个变量能存储的数据类型是固定的。在编写程序时,一旦违背规定原则,编译器就会将它检测出来。

从本质上讲,变量其实是内存中的一小块区域,使用变量名来访问这块区域。因此,每个变量使用前必须先声明,然后必须进行赋值(填充内容),才能使用。

变量的作用域是指能够访问该变量的一段程序代码。在声明一个变量的同时也就指明了变量的作用域。变量按作用域划分,可以有以下几种类型:局部变量、成员变量、方法参数、异常处理参数。

局部变量在方法或语句块内声明,它的作用域为它所在的代码块。

成员变量在类中声明,而不是在某个方法中声明,它的作用域是整个类。

方法参数传递给方法,它的作用域就是这个方法。

异常处理参数传递给异常处理程序,它的作用域就是异常处理代码部分。

在一个确定的域中,变量名是唯一的。通常情况,一个域用大括号"{}"来划定范围。有关类变量、参数传递及异常处理在后续章节中讲述。

2.3.1 变量的默认值

若不给变量赋初值,则变量默认值如表 2-3 所示。

表 2-3 变量默认值

数据类型	默认值(初始值)
boolean	false
char	'\000'(空字节)
byte	(byte)0
short	(short)0
int	0
long	0L
float	0.0F
double	0.0D

2.3.2 类型转换

1. 自动类型转换

Java 允许不同类型的数据进行混合运算，如果在 Java 表达式中出现了数据类型不一致的情形，那么 Java 运行时系统先自动将低优先级的数据转换成高优先级类型的数据，然后才进行表达式的计算。Java 数据类型的优先级关系如下：

低→高

byte，short，char → int → long → float → double

boolean 类型不可以转换为其他数据类型。整型、字符型、浮点型的数据在混合运算中相互转换，转换时遵循以下原则：byte、short、char 之间不会相互转换，它们三者在计算时首先会转换为 int 类型。容量大的数据类型转换为容量小的数据类型时，要加上强制转换符，但可能造成精度降低或溢出，使用时要格外注意。有多种类型的数据混合运算时，系统首先自动地将数据转换成容量最大的那一种数据类型，然后再进行计算。

注意：实数常量（如：1.2）默认为 double，整数常量（如：123）默认为 int。

```
public class Example2.2{
    private int i = 0;
    public static void main(String arg[]) {
        int i1 = 123;
        int i2 = 456;
        double d1 = (i1+i2)*1.2; //系统将转换为 double 型运算
        float f1 = (float)((i1+i2)*1.2); //需要加强制转换符
        byte b1 = 67;
        byte b2 = 89;
        byte b3 = (byte)(b1+b2); //系统将转换为 int 型运算，要加强制转换符
        System.out.println(b3);
        double d2 = 1e200;
        float f2 = (float)d2; //会产生溢出
        System.out.println(f2);
        float f3 = 1.23f; //必须加 f
        long l1 = 123;
        long l2 = 30000000000L; //必须加 L
        float f = l1+l2+f3; //系统将转换为 float 型计算
        long l = (long)f; //强制转换会舍去小数部分（不是四舍五入）
    }
}
```

2. 强制类型转换

强制类型转换：优先级高的类型转换成优先级低的类型，使用方法如下：

（数据类型）表达式

例如：

float x=5.5F;   //x 为 float 类型
int y;   //y 为 int 类型
y=（int）x+100;   //先把 x 转换为 int 型，放到临时变量中，然后与 100 相加结果赋
                        //给 y，x 类型不变，仍为 int 型

2.4 运算符

Java 语言中对数据的处理过程称为运算，用于表示运算的符号称为运算符，它由 1~3 个字符结合而成。虽然运算符是由数个字符组合而成，但 Java 将其视为一个符号。参加运算的数据称为操作数。按操作数的数目来划分，运算符，则运算符类型有：一元运算符（如++）、二元运算符（如*）和三元运算符（如?:）；按功能划分运算符，则运算符类型有：算术运算符、关系运算符、布尔运算符、赋值运算符、条件运算符和其他运算符。

2.4.1 算术运算符

算术运算符主要完成算术运算，常见的算术运算符如表 2-4 所示。

表 2-4 Java 算术运算符

运算符	运算	例子	结果
+	正号	+8	8
-	负号	a=8,b=-a	−8
+	加	a=6+6	12
-	减	a=16-9	7
*	乘	a=16*9	32
/	除	a=16/3	5
%	模除（求余）	a=16/3	1
++	前缀增	a=10,b=++a	a=11,b=11
++	后缀增	a=10,b= a ++	a=11,b=10
--	前缀减	a=10,b=--a	a=9,b=9
--	后缀减	a=10,b=a--	a=9,b=10

Java 对加运算符进行了扩展，使它能够进行字符串的连接操作，如："Java"+"Applet"得到字符串"Java Applet"。

另外，Java 模除运算"%"对浮点型操作数也可以进行计算，这点与 C++不同。

例：Java 运算符++、--的使用。

```
int a=10;
System.out.println("a="+a);
int b=++a;
System.out.println("a="+a);        System.out.println("b="+b);
int c=a++;
System.out.println("a="+a);        System.out.println("c="+c);
int d=-a;
System.out.println("a="+a);        System.out.println("d="+d);
int e=a--;
System.out.println("a="+a);        System.out.println("e="+e);
```

程序输出结果：

a=10

a=11

b=11

a=12

c=11

a=11

d=11

a=10

e=11

算术运算符中，优先级最高的是单目运算符"+"（正号）、"-"（负号）、"++"、"--"，其次是二元运算符"*""/""%"，最低的是二元运算符"+"（加）、"-"（减）。算术运算符的执行顺序自左至右。

2.4.2 关系运算符

关系运算符完成操作数的比较运算，结果为布尔值。Java 的关系运算符如表 2-5 所示。

表 2-5 Java 关系运算符

运算符	运算	例子	结果
==	等于	4==2	false
!=	不等于	1!=2	true
<	小于	18<18	false
<=	小于等于	18<=18	true
>	大于	2>1	true
>=	大于等于	2>=1	true
instanceof	检查是否为类实例	"Java instanceof String"	true

关系运算符的优先级低于算术运算符，关系运算符的执行顺序自左至右。

2.4.3 逻辑运算符

逻辑运算符完成操作数的逻辑运算，结果为布尔值。Java 的逻辑运算符如表 2-6 所示。

表 2-6 布尔逻辑运算符

运算符	运算	例子	结果
&	与	5>2&2>3	false
|	或	5>2|2>3	true
!	非	!true	false
^	异或	5>2^8>3	false
&&	简洁与	5>12||12>3	false
||	简洁或	5>2||2>3	true

简洁与、或和非简洁与、或对整个表达式的计算结果是相同的，但有时操作数的计算结果不同。简洁与、或运算时，若运算符左端表达式的值能够确定整个表达式的值，则运算符右端表达式将不会被计算。而非简洁与、或运算时，运算符两端的表达式都要计算，最后计算整个表达式的值。

例如：

int a=6,b=8,c=12,d=15;
boolean x=++a>b++&&c++>d--;

则结果为：

a=7,b=9,c=12,d=15,x=false;

而

int a=6,b=8,c=12,d=15;
boolean x=++a>b++&c++>d--;

则结果为：

a=7,b=9,c=13,d=14,x=false;

在布尔逻辑运算符中，单目运算符"!"的优先级最高，高于算术运算符和关系运算符，运算符"&""|"等低于关系运算符。布尔逻辑运算符按自左至右的顺序执行。

2.4.4 位运算符

位运算符是对二进制位进行操作，Java 提供的位运算符如表 2-7 所示。

表 2-7 位运算符

运算符	运算	例子	结果
~	按位取反	~00011001	11100110
&	按位与	00011001&10101010	00100010
|	按位或	00011001|10101010	10111011

续表 2-7

运算符	运算	例子	结果
^	按位异或	00011001^00010001	101100000
<<	左移位	a=10101000,a<<2	01010100
>>	右移位	a=10101000,a>>2	11101010
>>>	无符号位移	a=10101000,a>>>2	00101010

在计算机中，Java 使用补码来表示二进制，最高位为符号位，正数的符号位为 0，负数的符号位为 1。对正数而言，补码就是正数的二进制形式。对于负数，首先把该数绝对值的补码取反，然后再加 1，即得该数的补码。例如：123 的补码为 01111011，-123 的补码为 10000101。

1. 按位取反运算符 ~

~ 是一元运算符，对数据的每个二进制位进行取反，即把 0 变为 1，把 1 变为 0。

例如：~00011001=11100110。

2. 位与运算符 &

对应运算的两个位都为 1，则该位的结果为 1，否则为 0。即：
0&0=0，0&1=0，1&0=0，1&1=1
例如：10110011&10101010=10100010。

3. 位或运算符 |

对应运算的两个位都为 0，则该位的结果为 0，否则为 1。即：
0|0=0，0|1=1，1|0=1，1|1=0
例如：10110011|10101010=10111011。

4. 位异或运算符 ^

对应运算的两个位相同，都为 1 或 0，则该位的结果为 0，否则为 1。即：
0^0=0，0^1=1，1^0=1，1^1=0
例如：10100001^00010001=101100000。

5. 移位运算符 <<

用来将一个数的各二进制位全部左移若干位，右端补 0。在不溢出的情况下每左移一位，相当于乘 2。

例如：a=00010101   a<<2=01010100；

6. 移位运算符 >>

用来将一个数的各二进制位全部右移若干位，前补符号值。每右移一位，相当于除以 2。

例如：a=10101000 a>>2=11101010；

7. 符号右移运算符>>>

用来将一个数的各二进制位全部右移若干，移除的位被舍弃，前面空出的位补 0，每右移一位，相当于除以 2。

例如：a=10101000，a>>>2=00101010；

2.4.5 赋值运算符

赋值运算符"="，用来把一个表达式的值复制给一个变量。如果赋值运算符两边的类型不一致，当赋值运算符右侧表达式的数据类型比左侧的数据类型级别低时，则右侧的数据类型自动被转化为与左侧相同的高级数据类型，然后再赋值给左侧的变量。当右侧数据类型比左侧数据类型高时，则需进行强制类型转变，否则会出错。

例如：

int a=100;
iong x=a;   //自动类型转换
int a=100;
byte x=(byte)a;   //强制类型转换

在赋值运算符"="的前面加上其他运算符，构成复合赋值运算符。例如：
i+=8 等价于 i=i+8。Java 赋值运算符如表 2-8 所示。

表 2-8　Java 赋值运算符

运算符	运算	例子	结果
=	赋值	a=8;b=3;	a=8;b=3
+=	加等于	a+=b;	a=11;b=3
-=	减等于	a-=b;	a=5;b=3
*=	乘等于	A*=b;	a=24;b=3
/=	除等于	a/=b;	a=2;b=3
%=	模除等于	a%b;	a=2;b=3

2.4.6 条件运算符

条件与算符为"?:"，它的一般形式为：

表达式 1?表达式 2:表达式 3

其中表达式 1 的值为布尔值，如果为 true，则执行表达式 2，表达式 2 的结果作为整个表达式的值。否则执行表达式 3，表达式 3 的结果作为整个表达式的值。

例如：

int max,a=20,b=19;

max=a>b?a:b;

执行结果 max=20。

条件运算符的优先级低于赋值运算符。

2.4.7 运算符优先级

对表达式进行运算时，要按照运算符的优先顺序从高到低进行，同级的运算符则按从左到右顺序进行。如表 2-9 所示列出了 Java 中运算符的优先顺序。

表 2-9 Java 中运算符的优先顺序

优先顺序	运算符	结合性
1	[] ()	从左到右
2	+(正号) –(负号) ++ -- ! ~ instandceof	从右到左
3	New (type)	从右到左
4	* / %	从左到右
5	+(加) -(减)	从左到右
6	>> >>> <<	从左到右
7	> < >= <=	从左到右
8	== !=	从左到右
9	&	从左到右
10	^	从左到右
11	|	从左到右
12	&&	从左到右
13	||	从左到右
14	?:	从右到左
15	= += -= *= /= %= ^= &= |= <<= >>= >>>=	从右到左

2.5 表达式

表达式是由操作数和运算符按一定的语法形式组成的用来表达某种运算或含义的符号序列。例如，以下是合法的表达式。

a+b，(a+b)*(a-b)，"name="+"leslie"，(a>b)&&(c!=d);

每个表达式经过运算后都会产生一个确定的值，称为表达式的值。表达式值的数据类型称为表达式的类型。一个常量或一个变量是最简单的表达式。表达式可以作为一个整体也可以看成一个操作数参与到其他运算中，形成复杂的表达式。根据表达式中所使用的运算符和运算结果的不同，可将表达式分为：算术表达式、关系表达式、逻辑表达式、赋值表达式、条件表达式等。

例如：

a++*b,12+c,a%b-23d 为算数表达式；

x>y,c!=d 为关系表达式；

m&&n,(m>=60)&&(n<=100),(a+b+c)&&(b+c>a)&&(a+c>b)为逻辑表达式；

i=12*a/5,x=78.98 为赋值表达式；

x>y?x:(z>100:60:100)为条件表达式。

本章小结

本章主要介绍了 Java 语言的基本要素（标识符、保留字），并介绍了 Java 语言的基本数据类型（char、byte、short、int、long、float、double、boolean）与基本运算符（包括算术运算符、关系运算符、逻辑运算符、条件运算符、位运算符、赋值运算符）。

习 题

一、选择题

1．下列（   ）是合法的标识符？

A. 12class　　　　B. void　　　　　C. -5　　　　　　D. _blank

2．下列（   ）不是 Java 中的保留字？

A. if　　　　　　B. sizeof　　　　C. private　　　　D. null

3．下列（   ）不是合法的标识符？

A. $million　　　B. $_million　　　C. 2$_million　　 D. $2_million

4．下列选项中，（   ）不属于 Java 语言的基本数据类型？

A. 整数型　　　　B. 数组　　　　　C. 浮点型　　　　D. 字符型

5．下列关于基本数据类型的说法中，不正确的一项是（   ）。

A. boolean 类型变量的值只能取真或假

B. float 是带符号的 32 位浮点数

C. double 是带符号的 64 位浮点数

D. char 是 8 位 Unicode 字符

6．下列关于基本数据类型的取值范围的描述中，正确的一个是（   ）。

A. byte 类型的取值范围是-128～128

B. boolean 类型的取值范围是真或假

C. char 类型的取值范围是 0～65 536

D. short 类型的取值范围是-32 767～32 767

7．下列关于 Java 语言简单数据类型的说法中，正确的一项是（　　）。

A．以 0 开头的整数代表 8 进制整型常量

B．以 0x 或 0X 开头的整数代表 8 进制整型常量

C．boolean 类型的数据作为类成员变量的时候，相同默认的初始值为 true

D．double 类型的数据占计算机存储的 32 位

8．下列 Java 语句中，不正确的一项是（　　）。

A. $e, a, b = 10; 　　　　　B. char c, d = 'a';

C. float e = 0.0d; 　　　　　D. double c = 0.0f;

9．在编写 Java 程序时，如果不为类的成员变量定义初始值，Java 会给出它们的默认值，下列说法中不正确的一个是（　　）。

A. byte 的默认值是 0　　　　　B. boolean 的默认值是 false

C. char 类型的默认值是'\0'　　　D. long 类型的默认值是 0.0L

10．下列语句中不正确的一个是（　　）。

A. float f = 1.1f;　　　　　　B. byte b = 128;

C. double d = 1.1/0.0;　　　　D. char c = (char)1.1f;

11．下列表达式 1+2+ "aa"+3 的值是（　　）。

A. "12aa3"　　B. "3aa3 "　　C. "12aa"　　D. "aa3"

12．已知 y=2, z=3, n=4，则经过 n=n+ -y*z/n 运算后 n 的值为（　　）。

A. 3　　　　B. －1　　　　C. －2　　　　D. －3

13．已知 a=2, b=3，则表达式 a%b*4%b 的值为（　　）。

A. 2　　　　B. 1　　　　C. －1　　　　D. －2

14．已知 x=2, y=3, z=4，则经过 z- = --y – x--运算后，z 的值为（　　）。

A. 1　　　　B. 2　　　　C. 3　　　　D. 4

15．表达式(12==0) && (1/0 < 1)的值为（　　）。

A. true　　　B. false　　　C. 0　　　D. 运行时抛出异常

16．设有类型定义 short i=32; long j=64; 下面赋值语句中不正确的一个是（　　）。

A. j=i;　　　B. i=j;　　　C. i=(short)j;　　　D. j=(long)i;

17．现有 1 个 char 类型的变量 c1=66 和 1 个整型变量 i=2，当执行 c1=c1+(char)i;语句后，c1 的值为（　　）。

A. 'd'　　　B. 'D'　　　C. 68　　　D. 语句在编译时出错

18．下列说法中，正确的一项是（　　）。

A．字符串"\\abcd"的长度为 6　　　B. False 是 Java 的保留字

C. 123.45L 代表单精度浮点型　　　D. False 是合法的 Java 标识符

19．以下的变量定义语句中，合法的是（　　）

A. float _*5 = 123.456F;　　　　　B. byte $_b1 = 12345;
C. int _long_ = 123456L;　　　　　D. double d = Double.MAX_VALUE;

20．下列关于运算符优先级的说法中，不正确的一个是（　　　）

A．运算符按照优先级顺序表进行运算

B．同一优先级的运算符在表达式中都是按照从左到右的顺序进行运算的

C．同一优先级的运算符在表达式中都是按照从右到左的顺序进行运算的

D．括号可以改变运算的优先次序

二、填空题

1．变量是Java程序的基本存储单元之一，变量的主要类型包括2大类：＿＿＿和＿＿＿＿。

2．Java语言的整数类型变量和常量一样，各自都包括4种类型的数据，它们分别是＿＿＿＿、＿＿＿＿、＿＿＿＿和＿＿＿＿。

3．＿＿＿＿类型数据不可以做类型转换。

4．在Java语言的基本数据类型中，占存储空间最少的类型是＿＿＿＿，该类型占用的存储空间为＿＿＿＿位。

5．Java语言中的＿＿＿＿具有特殊意义和作用，不能作为普通标识符使用。

6．在Java语言中，浮点类型数据属于实型数据，可以分为＿＿＿＿和＿＿＿＿两种。

7．char类型的数据可以表示的字符数共为＿＿＿＿。

8．定义初始值为10^8的常整型变量iLong的语句是＿＿＿＿。

9．Java语言中的数据类型转换包括＿＿＿＿和＿＿＿＿两种。

10．Java中的字符采用的是16位的＿＿＿＿编码。

11．数据类型中存储空间均为64位的两种数据类型是＿＿＿＿和＿＿＿＿。

12．表达式9*4/-5%5的值为＿＿＿＿（十进制表示）。

13．表达式5&2的值为＿＿＿＿（十进制表示）。

14．表达式42<<4的值为＿＿＿＿（十进制表示）。

15．表达式11010011(B)>>>3的值为＿＿＿＿（二进制表示）。

16．表达式7|3的值为＿＿＿＿（十进制表示）。

17．表达式10^2的值为＿＿＿＿（十进制表示）。

18．Java语言中的逻辑与（&&）和逻辑或（||）运算采用＿＿＿＿方式进行运算。

19．若a、b为int型变量，并且已分别赋值为5和10，则表达式(a++)+(++b)+a*b的值为＿＿＿＿。

20．假设i=10,j=20,k=30，则表达式!(i<j+k) || !(i+10<=j)的值为＿＿＿＿。

三、编程题

1．编写一个Java Application类型的程序，定义一个byte类型的变量b，并从键盘上给它赋值为－100和100时，输出该变量的值。

2．编写一个 Java Applet 类型的程序，计算输出表达式 12+5>3||12－5<7 的值。

编程分析：由于表达式 12+5>3||12－5<7 的最终结果是 boolean 类型，因此可以将该表达式赋值给一个 boolean 类型的变量，然后输出该变量的值。

3．编写一个 Java Application 类型的程序，从键盘上输入三角形的三条边的长度，计算三角形的面积和周长并输出。根据三角形边长求得面积公式如下：

$$area = \sqrt{s*(s-a)*(s-b)*(s-c)}$$

其中，a、b、c 为三角形的三条边，$s=(a+b+c)/2$。

4．编写一个 Java Application 类型的程序，从键盘上输入摄氏温度(°C)，计算华氏温度(F)的值并输出。其转换公式如下：

$$F = (9 / 5) * C + 32$$

5．已知圆球的体积公式为 $4\pi r^3/3$，编一程序，输入圆球半径，计算并输出球的体积。

第3章 语 句

3.1 决 策

Java 语言提供了两种基本的选择结构：if 语句和 switch 语句。

3.1.1 if 语句

if 语句是选择结构最基本的语句，if 语句有两种形式：if 及 if-..else。if 语句有选择地执行语句，只有当表达式条件为真（true）时执行程序。If-.else 在表达式条件为真（true）与为假（false）时各执行不同的程序序列。

1. if 语句的基本形式

if(布尔表达式){
若干语句
}

流程如图 3.1 所示。

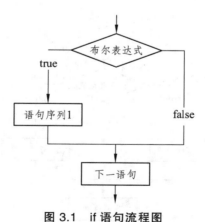

图 3.1 if 语句流程图

if 后面内的表达式的值必须是 boolean 类型，当值为 true 时，执行紧跟着的复合语句，如果表达式的值为 false，则执行程序中 if 语句后面的其他语句。复合语句如果只有一条语句，{ } 可以省略不写，但为了增强程序的可读性最好不要省略。在下面的例子中，我们将变量 a,b,c 内存中的数值按大小顺序进行互换。

例 3.1
```
public class Example3.1{
    public static void main(String args[]){
        int a=9,b=5,c=7,t;
        if(a>b){
            t=a; a=b; b=t;
        }
        if(a>c){
            t=a; a=c; c=t;
        }
        if(b>c){
            t=b; b=c; c=t;
        }
        System.out.println("a="+a+",b="+b+",c="+c);
    }
}
```

2. if...else 语句语法的基本形式

```
if（布尔表达式）{           //根据布尔表达式的真假决定执行不同的语句
    语句序列 1（statements1）    //条件为真
}else{
    语句序列 2（statements2）    //条件为假
}
```
流程如图 3.2 所示。

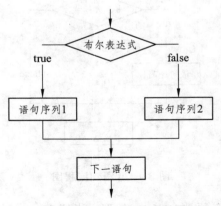

图 3.2 if-else 语句流程图

布尔表达式一般为条件表达式或逻辑表达式，当布尔表达式的值为 true 时，执行语句序列 1，否则执行语句序列 2。语句序列 1 和语句序列 2 可以为单一的语句，也可以是复合语句，复合语句要用大括号{}括起来，{}外面不加分号。

例如，假设 response 是用户点击界面上按钮 OK 或 Cancel 的返回值：

if(response==OK){
//点击 OK 按钮执行的换行
}else{
//点击 Cancel 按钮执行的换行
}

else 子句是可选的。当不出现 else 子句且表达式为 false 时，则不执行 if 中包含的语句。例如，debug 为布尔类型变量，在 debug 为 true 时，输出调试信息，否则不执行 if 中的语句。只有一句需要执行的语句时可省略{}。

if 后面( )内的表达式的值必须是 boolean 型的。如果表达式的值为 true,则执行紧跟着的复合语句。如果表达式的值为 false,则执行 else 后面的复合语句。复合语句是由{ }括起来的若干个语句。下列是有语法错误的

if-else 语句：
if(x>0)
    y=10;
    z=20;
else
    y=-100;

正确的写法是：
if(x>0){
    y=10;
    z=20;
}else
    y=100;

注意：if 和 else 后面的复合句里如果只有一个语句，{ }可以省略不写，但为了增强程序的可读性最好不要省略。有时为了编程的需要，else 或 if 后面的大括号里可以没有语句。

例 3.2

```
public class Example3.2{
    public static void main(String args[]){
        int math=65 ,english=85;
        if(math>60){
            System.out.println("数学及格了");
        }else{
            System.out.println("数学不及格");
```

```
        }
        if(english>90){
            System.out.println("英语是优");
        }else{
            System.out.println("英语不是优");
        }
        if(math>60&&english>90){
            System.out.println("英语是优,数学也及格了");
        }
        System.out.println("我在学习控制语句");
    }
```

3. 嵌套 if 语句

if(表达式 1)
 语句 1
else if(表达式 2)
 语句 2
……
else if(表达式 *n*)
 语句 *n*

其功能如图 3.3 所示。

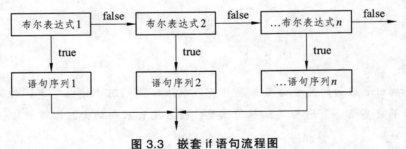

图 3.3 嵌套 if 语句流程图

```
public class Example3.3{    //输出学生成绩范围
    public static void main(String[] args) {
        int  i = 20;
        if(i < 20) {
            System.out.println("<20");
        } else if (i < 40) {
            System.out.println("20=<i<40");
```

```
            } else if (i < 60) {
                System.out.println("40=<i<60");
            } else
                System.out.println(">=60");
        }
    }
```
程序执行的结果为：20=<i<40

3.1.2 switch 语句（条件语句补充）

在 if 语句中，布尔表达式的值只能有两种：true 或 false。若情况更多时，就需要另一种可提供更多选择的语句：switch 语句，也称开关语句。

switch 语句的语法格式：

```
switch(表达式){
case 常量 1:
语句序列 1;
break;
case 常量 2:
语句序列 2;
break;
case 常量 N:
语句序列 N;
break;
default:
语句序列 M;
break;
}
```

说明：

表达式的类型可为 byte、short、int、char。多分支语句把表达式的值与每个 case 子句中的常量相比，如果匹配成功，则执行该 case 子句后面的语句序列。所有 case 子句后面的常量都不相同。

default 子句是可选的。当表达式的值与任何 case 子句中的常量都不匹配时，程序执行 default 子句后面的语句序列。当表达式的值与任何 case 子句中的常量都不匹配且不存在 default 子句，则退出 switch 语句。

break 语句用来在执行完一个 case 分支后，使程序退出 switch 语句。继续执行其他语句。case 子句只起到一个标号的作用，用来查找匹配的入口，并从此开始执行其后面的语句序列，对后面的 case 子句不再进行匹配。因此在每个 case 分支后，用 break 来终止后面语句的执行。

有一些特殊情况下,多个不同的 case 值要执行一组相同的语句序列,在这种情况下,可以不用 break 语句。switch 语句流程如图 3.4 所示。

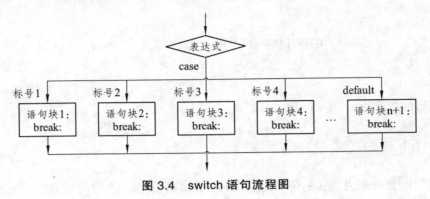

图 3.4　switch 语句流程图

例 3.4

```
public class Example3.4{              //根据给出的数字月份,输出相应的英语月份
    public static void main(){
        int month=1;
        switch(month){
            case 1: System.out.println("January");break;
            case 2: System.out.println("February");break;
            case 3: System.out.println("March");break;
            case 4: System.out.println("April");break;
            case 5: System.out.println("May ");break;
            case 6: System.out.println("June ");break;
            case 7: System.out.println("July ");break;
            case 8: System.out.println("August");break;
            case 9: System.out.println("September");break;
            case 10: System.out.println("October");break;
            case 11: System.out.println("November");break;
            case 12: System.out.println("December");break;
        }
    }
}
```

程序执行结果为:November

例 3.5

```
public class Example3.5{              //根据给出的数字月份,输出相应的英语月份
    public static void main(){
        int month=6,year==2009;numDays=0;
```

```
        switch(month){
            case 1:
            case 3:
            case 5:
            case 7:
            case 8:
            case 10:
            case 12:
                    numDays=31; break;
            case 4:
            case 6;
            case 9;
            case 11:
                    numDays=30; break;
            case 2:
                if(((year%4==0)&&(year%100==0))||(year%400==0))
                    numDays=29;
                else
                    numDays=28;
                break;
        }
        System.out.println("Year:"+year+" ,month: "+month);
        System.out.println("Number of Days="+numDays);
    }
}
```
程序执行结果为:
Year: 2009, month: 6
Number of Days=30

3.2 循　环

循环结构的作用是反复执行一段语句序列,直到不满足终止循环的条件位为止,一般包含四部分内容。

初始化部分:用来设置循环的一些初始条件,一般只执行一次。

终止部分:通常是一个布尔表达式,每一次循环都要对该表达式求值,以便满足终止条件。

循环体部分:被反复执行的一段语句序列,可以是一个单一语句,也可以是复合语句。

迭代部分：在当前循环结束，下一次循环开始执行之前执行的语句，常常用来影响终止条件的变量，使循环最终结束。

3.2.1 for 循环

for 语句是 Java 程序设计中最有用的循环语句，for 语句的格式如下
for (表达式 1; 表达式 2;表达式 3){
　　若干语句
}
for 语句中的复合语句 {若干语句}，称为循环体。
表达式 1 负责完成变量的初始化。
表达式 2 是值为 boolean 型的表达式，称为循环条件。
表达式 3 用来修整变量，改变循环条件。
for 语句的执行过程是这样的：先计算表达式 1，完成必要的初始化工作，再判断表达式 2 的值，若表达式 2 的值为 true，则执行循环体，执行完循环体之后紧接着计算表达式 3，以便改变循环条件，这样一轮循环就结束了。第二轮循环从计算表达式 2 开始，若表达式 2 的值仍为 true 则继续循环,否则跳出整个 for 语句执行后面的语句，如图 3.5 所示。

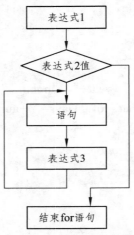

图 3.5　for 循环流程图

例 3.6
public class Example3.6{　　　　//使用 for 循环，计算 1 到 2000 之间所有奇数的和。
　　public static void main(){
　　　　for(sum=0,i=1;i<=2000;i+=2)
　　　　sum+=i;
　　　　System.out.println("The sum from 1 to 2000 odds is:"+sum);
　　}
}

程序运行结果为：

The sum from 1 to 2000 odds is: 1000000

for 语句的所有组成部分都可以省略，但 for 语句中的";"不可省略，例如

（1）省略表达式 1，上例的循环语句可写为：

sum=0;i=1;

for(;i<=2000;i+=2)

sum+=i;

（2）省略表达式 2，上例的循环语句可写为：

sum=0;i=1;

for(;;i+=2){

  if(i<=2000)break;

  sum+=i;

}

（3）省略循环体，上例的循环语句可写为：

sum=0;i=1;

for(;i<=2000;sum+=i,i+=2)

可以在 for 语句表达式 1 中定义局部变量，使得该局部变量仅在 for 语句中能用。如果循环变量不在循环外部使用，最好在初始化部分定义成局部变量。

例 3.7

```
public class Example3.7{        //计算 10！(10!=1*2*3*...*10)
    public static void main(){
        for(i=1,result=1;i<=10;i++)
            result*=i;
    System.out.println("10!="+result);
}
```

循环可以进行多层嵌套，即循环语句中还包含循环语句。

例 3.8

```
public class Example3.8{    //求 10 的阶乘
    public static void main(String[] args){
        long jiecheng=1;
        for(int i=10;i>=1;i--){
            jiecheng=jiecheng*i;
        }
        System.out.println("10 的阶乘是"+jiecheng);
    }
}
```

3.2.2 while 循环

while 语句的一般语法格式：
[初始化部分]
while(布尔表达式){
　　循环体部分
}
流程如图 3.6 所示。

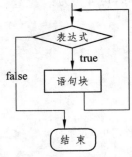

图 3.6　while 循环流程图

while 语句实现"当型"循环，程序运行时，首先执行初始化部分，然后判断布尔表达式的值，当布尔表达式的值为 true 时，执行循环体部分和迭代部分，然后再判断布尔表达式的值。如果布尔表达式的值为 false，退出循环。否则，重复上面的过程，其中初始化部分和迭代部分是可选的。

若第一次执行 while 语句，循环中的布尔表达式值为 false，则循环体一次也不执行，即 while 语句循环至少执行的次数为 0。若执行循环过程中，布尔表达式的值总是为 true，不能变为 false，则循环不能终止，出现"死循环"的情况，这种"死循环"在程序设计中一般都应该避免。

例 3.9
```
class Example3.9{                    // while 语句计算 1+1/2!+1/3!+1/4!…的前 20 项和
    public static void main(String args[]){
        double sum=0,a=1;int i=1;
        while(i<=20){
            a=a*(1.0/i);
            sum=sum+a;
            i=i+1;
        }
        System.out.println("sum="+sum);
    }
}
```

3.2.3 do-while 语句

do-while 语句的一般语法格式为:
do{
循环体部分
}while(布尔表达式)

do-while 语句实现"直到型"循环。程序运行时,首先执行初始化部分,然后执行循环体部分和迭代部分,最后判断布尔表达式的值。当布尔表达式的值为 true 时,重复执行循环体部分和迭代部分,如果布尔表达式的值为 false 时,退出循环,其中初始化部分和迭代部分是可选的。流程图如图 3.7 所示。

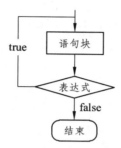

图 3.7 do while 流程图

若第一次执行 do-while 语句,循环中的布尔表达式的值为 false,则循环体只执行一次,即 do-while 循环语句至少执行的次数为 1,在 do-while 语句中也应该避免出现死循环。

例 3.10
```
public class Example3.10{
    public static void main(String[] args) {    //打印 1 到 10
        i = 0;
        do {
            i++;
            System.out.println(i);
        } while(i < 10);
    }
}
```
输出结果: i=1
          i=2
          i=3

3.2.4 continue 语句

语句用在循环语句体中,用于终止某次循环过程,跳过循环体中 continue 语句下面未执行的循环,开始下一次循环。

例 3.11

```
public class Example3.11{
    public static void main(String args[ ]) {
        int skip   = 4;
        for (int i=1; i<= 10; i++) {
            //当 i 等于 skip 时,退出循环
            if(i == skip)   continue;
            System.out.println("i= " + i);
        }
    }
}
```

输出结果: i = 1
i = 2
i = 3
i = 5
i = 6
i = 7
i = 8
i = 9
i=10

3.5.4 break 语句

break 语句用于终止某个语句块执行。用在循环语句体中,可以强行退出循环。

在 switch 语句中,break 语句用于终止 switch 语句的执行,使程序从 switch 语句的下一语句开始执行。

break 语句的另一种使用情况就是跳出它所指定的块,并从紧跟该块的下一条语句执行。

例 3.12

```
public class Example3.12{
    public static void main(String args[]) {
        int stop   = 4;
        for (int i=1; i<=10; i++) {
            //当 i 等于 stop 时,退出循环
            if(i == stop)   break;
            System.out.println("i = " + i);
        }
    }
}
```

本章小结

- if 语句。
- switch 语句。
- for 循环。
- while 循环。
- break、continue 语句。

习 题

一、选择题

1．下列（　　）不属于Java语言流程控制结构？
　A．分支语句　　　B．跳转语句　　　C．循环语句　　　D．赋值语句

2．假设a是int类型的变量，并初始化为1，则下列（　　）是合法的条件语句？
　A. if(a){}　　　B. if(a<<=3){}　　　C. if(a=2){}　　　D. if(true){}

3．下列说法中，不正确的是（　　）。
　A. switch 语句的功能可以由 if-else if 语句来实现
　B. 若用于比较的数据类型为 double 型，则不可以用 switch 语句来实现
　C. if …else if 语句的执行效率总是比 switch 语句高
　D. case 子句中可以有多个语句，并且不需要大括号{}括起来

4．设a、b为long型变量，x、y为float型变量，ch为char类型变量且它们均已被赋值，则下列语句中正确的是（　　）。
　A. switch(x+y) {}　　　　　B. switch(ch+1) {}
　C. switch ch {}　　　　　　D. switch(a+b); {}

5．下列循环体执行的次数是（　　）。
int y=2, x=4;
while(--x != x/y){ }
　A. 1　　　　　B. 2　　　　　C. 3　　　　　D. 4

6．下列循环体执行的次数是（　　）。
int x=10, y=30;
do{ y -= x;　x++; }while(x++<y--);
　A. 1　　　　　B. 2　　　　　C. 3　　　　　D. 4

7．已知如下代码：
switch(m){
　　　　case 0: System.out.println("Condition 0");
　　　　case 1: System.out.println("Condition 1");
　　　　case 2: System.out.println("Condition 2");
　　　　case 3: System.out.println("Condition 3");break;

```
default:System.out.println("Other Condition");
}
```
当 m 的值为（　　）时，输出"Condition 3"
A．2　　　　　B．0、1　　　　C．0、1、2　　　D．0、1、2、3

二、填空题

1．跳转语句包括_____、_____、_____和_____。

2．switch 语句先计算 switch 后面的_____的值，再和各_____语句后的值做比较。

3．if 语句合法的条件值是_____类型。

4．continue 语句必须使用于_____语句中。

5．break 语句有两种用途：一种从_____语句的分支中跳出，一种是从_____内部跳出。

6．do-while 循环首先执行一遍_____，而 while 循环首先判断_____。

7．与 C++语言不同，Java 语言不通过_____语句实现跳转。

8．每一个 else 子句都必须和它前面的一个距离它最近的_____子句相对应。

9．在 switch 语句中，完成一个 case 语句块后，若没有通过 break 语句跳出 switch 语句，则会继续执行后面的_____语句块。

10．在 for 循环语句中可以声明变量，其作用域是_____。

三、编写程序

1．利用 if 语句，根据下列函数编写一个程序，当键盘输入 x 值时，求出并输出 y 的值。

$$y = \begin{cases} x & (x <= 1) \\ 3x - 2 & (1 < x < 10) \\ 4x & (x >= 10) \end{cases}$$

2．利用 switch 语句将学生成绩分级，当从键盘中输入学生成绩在 90～100 范围时，输出"优秀"，在 80～89 范围时输出"良好"，在 70～79 范围时输出"中等"，在 60～69 范围时输出"及格"，在 0～59 范围时输出"不及格"，在其他范围时输出"成绩输入有误！"。

3．利用 for 循环，计算 1+3+7+……+（2^{20}-1）的和。

4．已知 $S = 1 - \frac{1}{2} + \frac{1}{3} - \frac{1}{4} + \cdots + \frac{1}{n-1} - \frac{1}{n}$，利用 while 循环编程求解 n=100 时的 S 值。

5．利用 do-while 循环，计算 1!+2!+3!+……+100!的和。

6．编程序，求 $\sum_{k=1}^{10} k^3$。

7．编写打印"九九乘法口诀表"的程序。

9．水仙花数是指其个位、十位和百位三个数的立方和等于这个三位数本身，求出所有的水仙花数。

10．编写一个程序，接受用户输入的两个数据为上、下限，然后输出上、下限之间的所有素数。

第 4 章　面向对象基础

随着计算机硬件设备功能的进一步提高，使得基于对象的编程成为可能。在实际生活中，我们每时每刻都与"对象"打交道。我们用的钢笔，骑的自行车，乘的公共汽车等都属于对象范畴。基于对象的编程更加符合人的思维模式，编写的程序更加健壮和强大，更重要的是，面向对象编程鼓励创造性的程序设计。Java 语言与其他面向对象语言一样，引入了类的概念，类是用来创建对象的模板，它包含被创建的对象的状态描述和方法的定义。Java 是面向对象语言，它的源程序是由若干个类组成，源文件是扩展名为.Java 的文本文件。

因此，要学习 Java 编程就必须学会怎样去写类，即怎样用 Java 的语法去描述一类事物共有的属性和功能。属性通过变量来刻画，功能通过方法来体现，即方法操作属性形成一定的算法来实现一个具体的功能。类把数据和对数据的操作封装成一个整体。

4.1　类和对象

类和对象的关系就如同模具和用这个模具制作出的物品之间的关系。一个类为它的全部对象给出了一个统一的定义，而他的每个对象则是符合这种定义的一个实体，因此类和对象的关系就是抽象和具体的关系（可简单理解为类型和变量之间的关系）。

4.1.1　类

类是组成 Java 程序的基本要素。封装了一类对象的状态和方法。类是用来定义对象的模板。

类的实现包括两部分：类声明和类体。基本格式为：
class 类名{
　…
　类体的内容
　……
}

class 是关键字，用来定义类。"class 类名"是类的声明部分，类名必须是合法的 Java 标识符。两个大括号以及之间的内容是类体。

1. 类声明

以下是两个类声明的例子。
```
class People{
    …
}
class Plant{
    …
}
```
"class People"和"class Plant"为类声明,"People"和"Plant"分别是类名。习惯上类名的第一个字母大写,但这不是语法规则。类的名字不能是 Java 中的关键字,要符合标识符规定,即名字可以由字母,下划线,数字或美元符号组成,并且第一个字符不能是数字。但给类命名时,最好遵守下列习惯。

如果类名使用拉丁字母,那么名字的首写字母使用大写字母,类名由几个"单词"复合而成时,采用驼峰命名法。如:

HelloWorld, DateTime

4.1.2 类　体

写类的目的是为了描述一类事物共有的属性和功能,描述过程由类体来实现。类声明之后的一对大括号"{　}"以及它们之间的内容称作类体,大括号之间的内容称作类体的内容。

类体的内容由两部分构成,一部分是变量的定义,用来描述属性,另一部分是方法的定义,用来描述功能。

下面是一个类名为"梯形"的类,类体内容的变量定义部分定义了 4 个 float 类型的变量:"上底""下底""高"和"ladderArea"。方法定义部分定义了两个方法"计算面积"和"修改高"。

```
class 梯形{
    float 上底,下底,高,ladderArea;//变量定义部分.
    float 计算面积(){//方法定义
        ladderArea=(上底+下底)*高/2.0f;
        return ladderArea;
    }
    void 修改高(float h){ //方法定义
        高=h;
    }
}
```

注意:为了方便读者立即该例中的类名、变量、方法才采用中文命名,中文命名在实际开发过程中是慎用的。

4.1.3 成员变量和局部变量

我们已经知道类体分为两部分：变量定义部分所定义的变量被称为类的成员变量，在方法体中定义的变量和方法的参数被称为局部变量。

成员变量和局部变量的类型可以是 Java 中的任何一种数据类型，包括整型，浮点型，字符型，引用类型等。

```
class People{
    int boy;
    float a[];
    …
        void f(){
            boolean cool;
            Workman leslie;
            …
        }
}
class Workman{
    double x;
    People leslie;
    ……
}
```

People 类的成员变量 a 是引用变量，cool 是局部变量，leslie 是引用型局部变量，类 Workman 中的 leslie 是引用型成员变量。

成员变量在整个类内都有效，局部变量只在定义它的方法内有效。

```
class Sun{
    int distance;
    int find(){
        int a=12;;
        distance=a;//合法，distance 在整个类内有效
        return distance;
    }
    void g(){
        int y;
        y=a;//非法，因为变量 a 已失效，而方法 g 内又没有定义变量 a
    }
}
```

成员变量与它在类体中书写的先后位置无关，例如，前述的梯形类也可以写成

class 梯形{

```
    float 上底,ladderArea;//成员变量的定义.
    float 计算面积(){
            ladderArea=(上底+下底)*高/2.0f;
            return ladderArea;
    }
    float 下底;//成员变量的定义
    void 修改高(float h){
            高=h;
    }
    float 高;//成员变量的定义
}
```
但不提倡把成员变量的定义分散地写在方法之间或类体的最后，人们习惯先介绍属性再介绍功能。

如果局部变量的名字与成员变量的名字相同，则成员变量被隐藏，即这个成员变量在这个方法内暂时失效。

```
class Tom{
        int x=98,y;
        void f(){
                int x=3;
                y=x;    //y 得到的值是 3，不是 98，如果方法 f 中没有 int x=3；变量 y 的
                        //值将是 98
        }
}
```
注意：习惯上变量名的第一个字母小写，但这不是语法规则。变量名由几个"单词"复合而成时，采用驼峰命名法。如 lastName,firstName。

4.1.4 成员方法（函数）

我们已经知道一个类的类体由两部分组成：变量的定义和方法的定义。方法的定义包括两部分，方法声明和方法体。一般格式为：

方法声明部分{
　　方法体的内容
}

1. 方法声明

最基本的方法声明包括方法名和方法的返回类型，如：
```
float area(){
    ....
}
```

方法返回的数据的类型可以是任意的 Java 数据类型，当一个方法不需要返回数据时，返回类型必须是 void。很多的方法声明中都给出方法的参数，这些参数是用逗号隔开的一些变量声明。方法的参数可以是任意的 Java 数据类型。

方法的名字必须符合标识符规定。在给方法起名字时应遵守良好的习惯，名字如果使用拉丁字母,首写字母使用小写。如果由多个单词组成,采用驼峰命名规则（从第 2 个单词开始的其他单词的首写字母使用大写）。例如

```
float getTrangleArea()
void setCircleRadius(double radius)
```

下面的 Trangle 类中有个 5 个方法：

```
class Trangle{
    double sideA,sideB,sideC;
    void setSide(double a,double b,double c){
        sideA=a;
        sideB=b;
        sideC=c;
    }
    double getSideA(){
        return sideA;
    }
    double getSideB(){
        return sideB;
    }
    double getSideC(){
        return sideC;
    }
    boolean isOrNotTrangle(){
        if(sideA+sideB>sideC&&sideA+sideC>sideB&&sideB+sideC>sideA){
            return true;
        }else{
            return flase;
        }
    }
}
```

方法声明之后的一对大括号"{}"以及之间的内容称作方法的方法体。方法体的内容包括局部变量的定义和合法的 Java 语句，例如：

```
int getPrimNumberSum(int n){
    int sum=0;
    for(int i=1;i<=n;i++){
        int j;
```

```
        for(j=2;j<i;j++){
            if(i%j==0)
            break;
        }
        if(j>=i){
            sum=sum+i;
        }
    }
    return sum;
}
```

方法参数在整个方法内有效,方法内定义的局部变量从它定义的位置之后开始有效。Java中写一个方法和 C 语言中写一个函数完全类似,只不过在这里称作方法罢了。局部变量的名字必须符合标识符规定,遵守习惯:名字如果使用拉丁字母,首写字母使用小写;如果由多个单词组成,采用驼峰命名规则。

4.1.5 构造方法

构造函数是定义 Java 类中的一个用来初始化对象的函数。使用"new + 构造方法",创建一个新的对象。构造函数与类同名且没有返回类型(注意:void 也是返回类型)。

例如:
```
public class Person {
    int id;
    int age;
    Person(int n,int i){
        id = n;
        age = i;
    }
}
```
创建对象时,使用构造函数初始化对象的成员变量。

例如:
```
public class Test {
        public static void main(String args[ ]) {
            Person    tom = new Person(1,25);
            Person    john = new Person(2,27);
        }
}
```
当没有指定构造函数时,编译器为类自动添加形如"类名(){}"的构造函数。

例如:
```
class Point {
```

```
            public int x;
            public int y;
    }
    public class Test {
    public static void main(String args[ ]) {
                    ……
                    Point p = new Point();
                    ……
            }
    }
```

4.1.6 方法重载

方法重载的意思是一个类中可以有多个方法具有相同的名字，但这些方法的参数必须不同，或者是参数的个数不同，或者是参数的类型不同。调用时，会根据不同的参数表选择对应的方法。下面的 Area 类中 getArea 方法是一个重载方法。

```
class Area{
        float getArea(float r){
                return 3.14f*r*r;
        }
        double getArea(float x,int y){
                return x*y
        }
        float getArea(int x,float y){
                return x*y;
        }
        double getArea(float x,float y,float z){
                return (x*x+y*y+z*z)*2.0;
        }
}
又如 Person 类里的重载方法：
void info() {
    System.out.println("hahaha");
}
void info(String t) {
    System.out.println(t+ "haha ");
}
```

调用时如下：
```
public static void main(String args[]) {
        Person p = new Person(1,20);
        p.info();
        p.info("hello");
}
```
运行结果为：

hahaha

hellohaha

注意：方法的返回类型和参数的名字不参与比较，也就是说如果两个方法的名字相同，即使类型不同，也必须保证参数不同。

与普通方法一样，构造方法也可以重载，利用修改过后的 Person 类编写程序，分别用三种构造方法创建三个 Person 对象。例如：

```
Person() {
        id = 0;
        age = 20;
}
Person(int i) {
         id = 0;
        age = i;
}
Person(int n, int i) {
        id = n;
        age = i;
}
```

调用构造方法创建对象如下：

Person p1 = new Person();

Person p2 = new Person(30);

Person p3 = new Person(100,25);

该例对象内存模型如图 4.1 所示（下节详细介绍内存模型）：

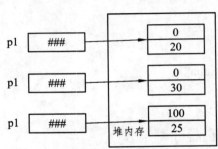

图 4.1 构造函数重载内存图

4.1.7 对　象

我们已经说过类是创建对象的模板。当使用一个类创建了一个对象时，也可以说给出了这个类的一个实例。Java 语言中除基本类型之外的变量类型都称之为引用类型，Java 中的对象是通过引用对其操作的。

1. 创建对象

创建一个对象包括引用变量的声明和为对象分配内存两个步骤。

1）引用变量的声明

一般格式为

类的名字　　变量名；

如：

Person　leslie

这里 Person 是一个类的名字，leslie 是我们声明的引用变量（对象）的名字，编译器会在栈内存中为 leslie 分配存储空间，其存储内容是 leslie 对象的地址（为便于理解，可以这样简化认识）。

2）创建对象并分配内存

使用 new 运算符和类的构造方法为声明的对象分配内存，如果类中没有构造方法，系统会调用默认的构造方法默认的构造方法是无参数的，你一定还记得构造方法的名字必须和类名相同这一规定。如：

leslie=new Person();

以下是两个详细的例子：

例 4.1

```
class Example 4.1{
    public static void main(String args[]){
        XiyoujiRenwu zhubajie;           //声明对象.
        zhubajie=new XiyoujiRenwu();     //为对象分配内存，使用 new 运
                                         //算符和默认的构造方法
        ……
    }
}
class XiyoujiRenwu {
    float height,weight;
    String head, ear,hand,foot, mouth;
    void speak(String s){
        System.out.println(s);
    }
}
```

例 4.2
```
public class Example4.2{
    public static void main(String args[]){
            Point p1,p2;            //声明对象 p1 和 p2
            p1=new Point(10,10);  //为对象分配内存,使用 new 和类中的构造方法
            p2=new Point(23,35); //为对象分配内存,使用 new 和类中的构造方法
            ……
            ……
            ……
    }
}
class Point{
    int x,y;
    Point(int a,int b){
            x=a;
            y=b;
    }
}
```
注：如果你的类里定义了一个或多个构造方法，那么 Java 不提供默认的构造方法。Example4.2 提供了构造方法，下面创建对象是非法的：

p1=new Point();

2. 对象的内存模型

我们以 Example 4.1 来说明对象的内存模型。

1）声明对象时的内存模型

类是静态的概念，代码区。对象是用 new 关键字创造出来的，位于堆内存，类的每个成员变量在不同的对象中有不同的值（除了 static 修饰变量，后面会介绍），而方法只有一份，执行的时候才占用内存。当用 XiyoujiRenwu 类声明一个变量 zhubajie（即对象 zhubajie 时），如 Example 4.1 中语句"XiyoujiRenwu zhubajie;"内存模型如图 4.2 所示。

图 4.2 声明引用变量内存

声明引用变量 zhubajie 后,zhubajie 的内存中还没有任何数据,我们称这时的 zhubajie 是一个空引用(指向),空引用不能使用,因为它还没有得到任何指向的对象实体。必须创建对象,并将对象地址赋给引用变量,使引用变量指向相关对象。

2)对象分配内存后的内存模型

当系统执行到 zhubajie=new XiyoujiRenwu()语句时,就会做两件事:(1)为 height,weight,head,ear,mouth,hand,foot 各个成员变量分配内存,即 XiyoujiRenwu 类的成员变量被分配内存空间。如果成员变量在声明时没有指定初值,那么,对于整型变量,默认初值是 0,对于浮点型,默认初值是 0.0,对于 boolean 型,默认初值是 false。对于引用型,默认初值是 null。(2)给出一个信息,已确保这些变量是属于引用变量 zhubajie 的,即这些内存单元将由 zhubajie 操作管理。为了做到这一点,new 运算符在为变量 height,weight,head,ear,mouth,hand,foot 分配内存后,将返回一个引用给引用变量 zhubajie。也就是返回一个"地址"号。即代表这些成员变量内存位置的首地址给 zhubajie。你不妨就认为这个引用就是 zhubajie 在内存里的名字,而且这个名字 引用是 Java 系统确保分配给 height,weight,head,ear,mouth,hand,foot 的内存单元将由 zhubajie 操作管理。称 height,weight,head,ear,mouth,hand,foot 分配的内存单元是属于引用 zhubajie 的实体,即这些变量是属于 zhubajie 指向 Xiyoujirenwu 对象的。所谓为对象分配内存就是指为它分配变量内存,并获得一个引用,以确保这些变量由它来"操作管理"。为对象分配内存后,内存模型由声明对象时的模型(见图 4.2)变成如图 4.3 所示。

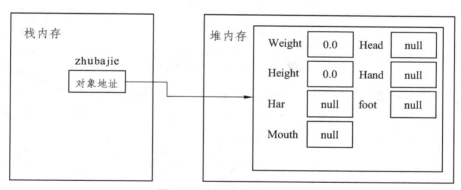

图 4.3 创建对象内存模型

对象的声明和分配内存两个步骤可以用一个等价的步骤完成,如:
XiyoujiRenwu zhubajie=new XiyoujiRenwu();

3. 创建多个不同的对象

一个类通过使用 new 运算符可以创建多个不同的对象,这些对象将被分配不同的内存空间。因此,改变其中一个对象的状态不会影响其他对象的状态。例如,我们可以在上述 Example 4.1 中创建两个对象 zhubajie,sunwukong。

zhubajie=new XiyoujiRenwu();
sunwukong =new XiyoujiRenwu();

当创建对象 zhubajie 时,XiyoujiRenwu 类中的成员变量 height,weight,head,ear,mouth, hand，foot被分配内存空间，并返回一个引用给zhubajie。当再创建一个对象sunwukong时，XiyoujiRenwu类中的成员变量height，weight，head，ear，mouth，hand，foot再一次被分配内存空间，并返回一个引用给sunwukong。sunwukong变量所占据的内存空间和zhubajie变量所占据的内存空间是互不相同的位置。内存模型如图4.4所示。

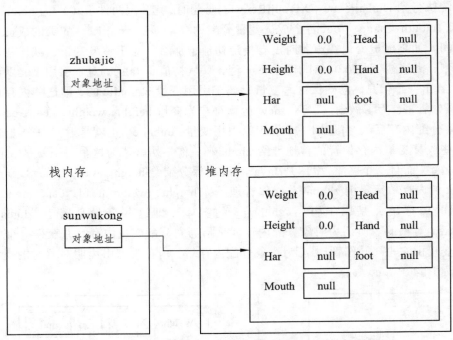

图4.4　不同对象内存模型

引用变量不仅可以操作引用对象的变量改变状态，而且还拥有了对象所属类中的方法的能力，引用通过使用这些方法可以产生一定的行为。通过使用运算符"."，引用变量可以实现对成员变量和方法的调用。

4．引用变量操作对象成员变量（对象的属性）

对象创建之后，就有了自己的变量。通过使用运算符"."，引用变量可以实现对对象成员变量的访问。

5．引用变量调用类中的方法

对象创建之后，引用变量可以使用运算符"."调用对象所属类中的方法，从而产生一定的行为功能。

当引用变量调用类中的一个方法时，方法中的局部变量被分配内存空间。方法执行完毕，局部变量即刻释放内存。

下面的例子中，有两个引用变量zhubajie,sunwukong

例4.3

class Example 4.3{
　　public static void main(String args[]){

```java
        XiyoujiRenwu zhubajie,sunwukong; //声明引用变量
        zhubajie=new XiyoujiRenwu(); //创建对象,使用 new 运算符和默认的构造方法
        sunwukong=new XiyoujiRenwu();
        zhubajie.height=1.80f; //引用变量给成员变量赋值
        zhubajie.weight=160f;
        zhubajie.hand="两只黑手";
        zhubajie.foot="两只大脚";
        zhubajie.head="大头";
        zhubajie.ear="一双大耳朵";
        zhubajie.mouth="一只大嘴";
        sunwukong.height=1.62f; //引用变量给成员变量赋值
        sunwukong.weight=1000f;
        sunwukong.hand="白嫩小手";
        sunwukong.foot="两只绣脚";
        sunwukong.head="绣发飘飘";
        sunwukong.ear="一对小耳";
        sunwukong.mouth="樱头小嘴";
        System.out.println("zhubajie 的身高 "+zhubajie.height);
        System.out.println("zhubajie 的头 "+zhubajie.head);
        System.out.println("sunwukong 的重量 "+sunwukong.weight);
        System.out.println("sunwukong 的头 "+sunwukong.head);
        zhubajie.speak("俺老猪我想娶媳妇"); //对象调用方法.
        System.out.println("zhubajie 现在的头 "+zhubajie.head);
        sunwukong.speak("老孙我重 1000 斤,我想骗八戒背我");
                        //引用变量调用对象方法
        System.out.println("sunwukong 现在的头 "+sunwukong.head);
    }
}
class XiyoujiRenwu{
    float height,weight;
    String head, ear,hand,foot, mouth;
    void speak(String s){
        head="歪着头";
        System.out.println(s);
    }
}
```

我们知道类中的方法可以操作成员变量,当引用变量调用该方法时,方法中出现的成员

变量就是指该对象的成员变量。在上述例子中，当变量 zhubajie 调用过方法 speak 之后，就将其指向对象的成员变量 head 的值"大头"修改成"歪着头"。同样，引用变量 sunwukong 调用过方法 speak 之后，也将其指向对象的成员变量 head 的值"大头"修改成"歪着头"。

4.2 static 关键字

在类中，用 static 声明的成员变量为静态成员变量，它为该类的公共变量，在第一次使用时被初始化，对于该类的所有对象来说，static 成员变量只有一份。用 static 声明的方法为静态方法，在调用该方法时，不会将对象的引用传递给它，所以在 static 方法中不可以访问非 static 的成员。可以通过对象引用或类名（不需要实例化）访问静态成员。

4.2.1 静态方法

通常，在一个类中定义一个方法为 static，那么无需本类的对象即可调用此方法声明为 static 的方法。但有以下几条限制：
（1）它们仅能调用其他的 static 方法。
（2）它们只能访问 static 数据。
（3）它们不能以任何方式引用 this 或 super。

例 4.4
```
public class Example4.4{
    public static void main(String[] args) {
            Simple.go();
    }
}
class Simple {
    static void go() {
        System.out.println("Welcome");
    }
}
```
调用一个静态方法就是"类名.方法名"，静态方法的使用如 Example4.4 所示。一般来说，静态方法常常为应用程序中的其他类提供一些实用工具来使用，在 Java 的类库中大量的静态方法正是出于此目的而定义的。

4.2.2 静态变量

声明为 static 的变量实质上就是全局变量。当声明一个对象时，并不产生 static 变量的拷贝，而是该类所有的实例变量共用同一个 static 变量。静态变量与静态方法类似。所有此类实例共享此静态变量，也就是说在类装载时，只分配一块存储空间，所有此类的对象都可以操控此块存储空间。

例 4.5
```java
public class Example4.5{
    public static void prt(String s) {
        System.out.print(s);
    }
    public static void main(String[] args) {
        Value v1, v2;
        v1 = new Value();
        v2 = new Value();
        prt("v1.c=" + v1.c + " v2.c=" + v2.c);
        v1.inc();
        prt(" v1.c=" + v1.c + " v2.c=" + v2.c);
    }
}
class Value {
    static int c = 0;
    static void inc() {
        c++;
    }
}
```
结果为：

v1.c=0 v2.c=0 v1.c=1 v2.c=1

由此可以证明它们共享一块存储区。static 变量有点类似于 C 语言中的全局变量的概念。

值得探讨的是静态变量的初始化问题。如果你需要通过计算来初始化你的 static 变量，你可以声明一个 static 块，static 块仅在该类被加载时执行一次。下面的例子显示的类有一个 static 方法，一些 static 变量，以及一个 static 初始化块：

例 4.6
```java
public class Example4.6{
    public static void prt(String s) {
        System.out.println(s);
    }
    Value3 v = new Value3(10);
    static Value3 v1, v2;
    static {//此即为 static 块
        prt("v1.c=" + v1.c + " v2.c=" + v2.c);
        v1 = new Value3(27);
        prt("v1.c=" + v1.c + " v2.c=" + v2.c);
```

```
                v2 = new Value3(15);
                    prt("v1.c=" + v1.c + " v2.c=" + v2.c);
            }
            public static void main(String[] args) {
                Count ct = new Count();
                prt("ct.c=" + ct.v.c);
                prt("v1.c=" + v1.c + " v2.c=" + v2.c);
                v1.inc();
                prt("v1.c=" + v1.c + " v2.c=" + v2.c);
                prt("ct.c=" + ct.v.c);
            }
        }
        class Value3 {
            static int c = 0;
            Value3() {
                c = 15;
            }
            Value3(int i) {
                c = i;
            }
            static void inc() {
                c++;
            }
        }
        结果为：
        v1.c=0 v2.c=0
        v1.c=27 v2.c=27
        v1.c=15 v2.c=15
        ct.c=10
        v1.c=10 v2.c=10
        v1.c=11 v2.c=11
        ct.c=11
```

这个程序展示了静态初始化的各种特性。static 定义的变量会优先于任何其他非 static 变量，不论其出现的顺序如何。正如在程序中所表现的，虽然 v 出现在 v1 和 v2 的前面，但是结果却是 v1 和 v2 的初始化在 v 的前面。在 static{后面跟着一段代码，这是用来进行显式的静态变量初始化，这段代码只会在类被第一次装载时初始化一次。

4.2.3 静态类

通常一个普通类不允许声明为静态的，只有一个内部类才可以。这时这个声明为静态的内部类可以直接作为一个普通类来使用，而不需实例一个外部类（包装类）。

例 4.7
```
public class Example4.7{
    public static void main(String[] args) {
        OuterCls.InnerCls oi = new OuterCls.InnerCls();
    }
}
class OuterCls {
    public static class InnerCls {
        InnerCls() {
            System.out.println("InnerCls");
        }
    }
}
```
结果为：
InnerCls

4.3 this 关键字

我们已经知道，如果局部变量的名字与成员变量的名字相同，则成员变量被隐藏。这时如果想在该方法内使用成员变量，必须使用关键字 this。在一些容易混淆的场合，例如，当成员方法的形参名与成员变量名相同，或成员方法的局部变量名与成员变量名相同时，在方法内借助 this 来表明引用的类的成员变量，而不是形参或局部变量，从而提高程序的可读性。简单地说，this 代表了当前对象的一个引用，可以将其理解为对象的另一个名字，通过这个名字可以顺利地访问对象，修改对象的成员变量，调用对象的方法。归纳起来，this 的使用场合有以下几种：

（1）访问当前对象的成员变量，其使用形式如下：
this.成员变量
（2）访问当前对象的构造方法时，其使用形式如下：
this.成员方法
（3）当有重载的构造方法时，用来引用同类的其他构造方法，其使用形式如下：
this（参数）
请看下面关于 this 使用的例子：

例 4.8
```
public class Example4.8 {
    public static void main(String[] args){
        A a = new A(5,8);
        a.display();
    }
}
class A{
    int a,b;
    public A(int a){ this.a=a; }
    public A(int a,int b){
        this(a);                    //引用同类的其他构造方法
        this.b=b;                   //访问当前对象的数据成员
    }
    public int add(){return a+b;   }
    public void display(){
        System.out.println("a="+a+",b="+b);
        System.out.println("a+b="+this.add());   //访问当前对象的成员方法
    }
}
```
程序运行结果为：
a=5,b=8
a+b=13
例：
```
class Sanjiaoxing{
  float sideA,sideB,sideC,lengthSum;
    void setSide(float sideA,float sideB,float sideC){
        this.sideA=sideA;
            this.sideB=sideB;
        this.sideC=sideC;
    }
}
```
this.sideA，this.sideB，this.sideC 就分别表示成员变量 sideA，sideB，sideC。

注意：
1）在类的方法定义中使用的 this 关键字代表使用该方法的对象的引用。
2）当必须指出当前使用方法的对象是谁时要使用 this。

3）有时使用 this 可以处理方法中成员变量和参数重名的情况。

4）this 可以看作是一个变量，它的值是当前对象的引用。

4.4 包

包是 Java 语言中有效地管理类的一个机制。是一组相关的类和接口的集合。将类和接口分装在不同的包中，可以避免重名类的冲突。

4.4.1 package

通过关键字 package 声明包语句。package 语句作为 Java 源文件的第一条语句，指明该源文件定义的类所在的包。package 语句的一般格式为

package 包名

如果源程序中省略了 package 语句，源文件中你定义命名的类被隐含地认为是无名包的一部分，即源文件中您定义命名的类在同一个包中，但该包没有名字。

包名可以是一个合法的标识符，也可以是若干个标识符加"."分割而成，如：

package sunrise;

package cswu.cn;

程序如果使用了包语句，例如：

package cswu.cn.software;

那么你的目录结构必须包含有如下的结构：

\cswu\cn\software;

并且要将源文件保存在目录…\cswu\cn\software 中，然后编译源文件。如：

… \cswu\cn\software\Javac 源文件或 javac …\ cswu\cn\software\源文件。

例 4.9

```
package tom.jiafei;
public class Example4.9 {
    public static void main(String args[]){
        int sum=0,i,j;
        //找出 10 以内的素数
        for( i=1;i<=10;i++) {
            for(j=2;j<=i/2;j++){
                if(i%j==0)
                break;
            }
            if(j>i/2) System.out.print("素数"+i);
        }
    }
```

}

保存上述源文件到 D:\Java\tom\jiafei 中，然后编译原文件：

D:\Java\tom\jiafei\Javac Primnumber.Java

运行程序时必须到 tom\jiafei 的上一层目录 Java 中来运行，如：

C:\Java Java tom.jiafei.PrimNumber

因为起了包名，类 PrimNumber 的全名已经是 tom.jiafei.PrimNumber，就好比沙坪坝区全名是中国.重庆.沙坪坝区。

4.4.2 import 语句

使用 import 语句可以引入包中的类。在编写源文件时，除了自己编写类外，我们经常需要使用 Java 提供的许多类，这些类可能在不同的包中。在学习 Java 语言时，使用已经存在的类，避免一切从头做起，这是面向对象编程的一个重要方面。

为了能使用 Java 提供给我们的类，我们可以使用 import 语句来引入包中类。在一个 Java 源程序中可以有多个 import 语句，它们必须写在 package 语句（假如有 package 语句的话）和源文件中类的定义之间。Java 为我们提供了大约 130 多个包，如 Java.applet，包含所有的实现 Java applet 的类；Java.awt 包含抽象窗口工具集中的图形，文本，窗口 GUI 类；Java.awt.image 包含抽象窗口工具集中的图像处理类；Java.lang 包含所有的基本语言类；Java.io 包含所有的输入输出类。Java.net 包含所有实现网络功能的类；Java.until 包含有用的数据类型类。如果要引入一个包中的全部类，则可以用星号来代替，如 import Java.awt.*；

表示引入包 Java.awt 中所有的类，而 import Java.until.Date 只是引入包 Java.until 中的 Date 类。例如，如果我们想建立一个 Java applet 程序，并想使用 Java.awt 中的 Button 类和 Graphics，那么就可以使用 import 语句引入包 Java.applet 中的 Applet 类和包 Java.awt 中的 Button 类和 Graphics 类。

例 4.10

```
import   Java.applet.Applet;
import Java.awt.*;
public class Example4.10 extends Applet{
    Button redbutton;
    public void init(){
            redbutton=new Button("我是一个红色的按钮");
            redbutton.setBackground(Color.red);
            add(redbutton);
    }
    public void paint(Graphics g){
            g.drawString("it is a button",30,50);
    }
}
```

注：系统自动为我们引入 Java.lang 这个包，因此不需要再使用 import 语句引入该包。Java.lang 包是 Java 语言的核心类库，它包含了运行 Java 程序必不可少的系统类。如果使用 import 语句引入了整个包中的类，那么可能会增加编译时间。但绝对不会影响程序运行性能，因为当程序执行时，只是将你真正使用的类的字节码文件加载到内存。我们也可以使用 import 语句引入自己的包，如 import tom.jiafei.*。为了能使程序使用 tom.jiafei 包中的类，我们必须在 classpath 中指明包的位置。例如，包 tom.jafei 的位置是 D:\Java，因此必须更新 classpath 的设置，在命令行执行命令：set classpath=c:\jdk \jre\lib\rt.jar;.;d:\Java。

4.5　访问权限

我们已经知道当用一个类创建了一个对象之后，引用变量可以通过"."运算符访问对象的变量，并使用类中的方法。但访问变量和使用类中的方法是有一定限制的，通过修饰符 private，protected 和 public 来说明使用权限。

4.5.1　私有变量和私有方法

用关键字 private 修饰的成员变量和方法称为私有变量和私有方法。如：

```
class Tom{
    private float weight;   //weight 被修饰为私有的 float 型变量
    //方法 f 是私有方法
    private float f(float a,float b){
        ……
    }
        ……
}
```

当在另外一个类中用类 Tom 创建了一个对象后，该对象不能访问自己的私有变量和私有方法。如：

```
class Jerry{
    void g(){
        Tom cat=new Tom();
        cat.weight=23f;   //非法
        cat.f(3f,4f);    //非法
        …
    }
}
```

如果 Tom 类中的某个成员是私有静态成员变量，那么在另外一个类中，也不能通过类名

Tom 来操作这个私有类变量。对于私有成员变量或方法，只有在本类中创建该类的对象时才能访问私有成员变量和类中的私有方法。例如：

例 4.11
```
class Example4.11 {
    private int money;
    Test(){
        money=2000;
    }
    private int getMoney(){
        return money;
    }
    public static void main(String args[]){
        Test t=new Test();
        t.money=3000;
        int m=t.getMoney();
        System.out.println("money="+m);
    }
}
```

4.5.2 公共变量和公共方法

用 public 修饰的成员变量和方法称为公共变量和公共方法。如：

```
class Tom{
    public float weight;//weight 被修饰为 public 的 float 型变量
        //方法 f 是 public 方法
        public float f(float a, float b){
            … …
        }
    }
}
```

当我们在任何一个类中用类 Tom 创建了一个对象后，该引用能访问对象的 public 变量和类中的 public 方法。如

```
class Jerry{
    void g(){
        Tom cat=new Tom();
        cat.weight=23f;   //合法。
        cat.f(3,4);   //合法
    }
```

}

如果 Tom 类中的某个成员是 public 静态变量,那么在任何一个类中,可以通过类名 Tom 来操作 Tom 的这个成员变量。如果 Tom 类中的某个方法是 public 静态方法,那么在任何一个类中,也可以通过类名 Tom 来调用 Tom 类中的这个 public 静态方法。

4.5.3 友好变量和友好方法

不用 private,public,protected 修饰符的成员变量和方法被称为友好变量和友好方法。如:

```
class Tom{
    float weight;    //weight 是友好的 float 型变量
    //方法 f 是友好方法
    float f(float a,float b){
    }
}
```

当在另外一个类中用类 Tom 创建了一个对象后,如果这个类与 Tom 类在同一个包中,那么该对象能访问自己的友好变量和友好方法。在任何一个与 Tom 同一包中的类中,也可以通过 Tom 类的类名访问 Tom 类的静态友好成员变量和静态友好方法。

假如 Jerry 与 Tom 是同一个包中的类,那么,下述 Jerry 类中的 "cat.weight" "cat.f(3,4)" 都是合法的。

```
class Jerry{
    void g(){
        Tom cat=new Tom();
        cat.weight=23f;   //合法。
        cat.f(3,4);    //合法。
    }
}
```

在源文件中编写命名的类总是在同一包中的。如果在源文件中用 import 语句引入了另外一个包中的类,并用该类创建了一个对象,那么该类的这个引用将不能访问对象的友好变量和友好方法。

4.5.4 受保护的成员变量和方法

用 protected 修饰的成员变量和方法被称为受保护的成员变量和受保护的方法。如

```
class Tom{
    protected float weight; //weight 被修饰为 public 的 float 型变量
```

67

```
    //方法 f 是 public 方法
    protected float f(float a,float b) {
    }
}
```

当在另外一个类中用类 Tom 创建了一个对象后，如果这个类与类 Tom 在同一个包中，那么该引用能访问对象的 protected 变量和 protected 方法。在任何一个与 Tom 同一包中的类中，也可以通过 Tom 类的类名访问 Tom 类的 protected 静态成员变量和 protected 静态方法。

假如 Jerry 与 Tom 是同一个包中的类，那么 Jerry 类中的"cat.weight""cat.f(3,4)"都是合法的。

```
class Jerry{
    void g(){
        Tom cat=new Tom();
        cat.weight=23f;    //合法。
        cat.f(3,4);    //合法。
    }
}
```

4.5.5 public 类与友好类

类声明时，如果关键字 class 前面加上 public 关键字，就称这样的类是一个 public 类。如：

```
public class A{
    … …
}
```

可以在任何另外一个类中，使用 public 类创建对象。如果一个类不加 public 修饰，如：

```
class A{
    … …
}
```

这样的类称作友好类，那么另外一个类中使用友好类创建对象时，要保证它们是在同一包中。

注：不能用 protected 和 private 修饰类。

访问权限的级别排列。访问限制修饰符，按访问权限从高到低的排列顺序是 public, protected, 友好的 private。Java 访问权限如表 4-1 所示。

表 4-1　Java 访问权限

修饰符	类内部	同一个包	子类	任何地方
private	yes	no	no	no
default	yes	yes	no	no
protected	yes	yes	yes	no
public	yes	yes	yes	yes

4.5.6　内部类简介

内部类定义非常简单，就是把一个类的定义放在另外一个类（包装类）定义的里面。如下面代码所示：

```
class OutterClass {
  class InnerClass {
  }
}
```

使用内部类最基本的好处是能访问外围类的所有成员，包括私有成员。

当生成一个内部类对象时，此对象与制造它的外围类对象之间就有了一种联系，所以它能访问其外围类对象的所有成员，而不需要任何特殊的条件。如下面代码所示：

```
class OutterClass {
    private int i = 1;
    class InnerClass {
        public void displayPrivate() {
            System.out.println(i);    //i 包装类（外部类）的成员
        }
    }
}
public class MainClass{
    public static void main(String[] args) {
        OutterClass outter =　new OutterClass();
        OutterClass.InnerClass inner = outter.new InnerClass();
        inner.displayPrivate();
    }
}
```

由上面的代码可以看出，内部类能够访问外部类的私有成员变量。

注意：
（1）内部类不能含有 static 方法。
（2）内部类不能含有 static 数据成员，除非是 static final。
（3）内部类可以继承含有 static 成员的类。

4.6 类的继承

继承就是在类之间建立一种相交关系，使得新定义的派生类的实例可以继承已有的基类的特征和能力，而且可以加入新的特性或者是修改已有的特性建立起类的新层次。新的属性不影响其他类从父类继承。

继承是一种由已有的类创建新类的机制。利用继承，我们可以先创建一个共有属性的一般类，根据该一般类再创建具有特殊属性的新类，新类继承一般类的状态和行为，并根据需要增加它自己的新的状态和行为。由继承而得到的类称为子类，被继承的类称为父类(基类)。Java 不支持多重继承，子类只能有一个父类。

在类的声明中，通过使用关键字 extends 来创建一个类的子类，格式如下：

class 子类名 extends 父类名{

　　……

}

例如：

class Students extends People{

　　……

}

把 Students 声明为 People 类的子类，People 是 Students 的父类。

子类自动拥有了父类的所有成员(成员变量和方法)。但并非对其继承的成员都有访问权限。详细访问权限如表 4-2 所示。

表 4-2 继承中的访问权限

修饰符	类内部	同一个包	子类	任何地方
private	yes	no	no	no
default	yes	yes	no	no
protected	yes	yes	yes	no
public	yes	yes	yes	yes

如果一个类的声明中没有使用 extends 关键字，这个类被系统默认为是 Object 的子类。

因此，Object 类是所有类的基类。Object 是包 Java.lang 中的类。

类的继承实例：

例 4.12

```
class  Point {                           //定义父类
   int   x,y;                            //表示位置
   void  setXY(int a,int b){
      x=a;
      y=b;
   }
   void  showLocation(){                 //显示位置
      System.out.println("Location:("+x+","+y+")");
   }
}
class  Rectangle  extends  Point{        //定义子类
    Rectangle(int x,int y){
         super(x,y);
    }
      int   width,height;                //定义矩形的宽和高
      int   area(){return  width*height;} //计算矩形的面积
      void  setWH(int w,int h){width=w;height=h;}
      void  showLocArea(){               //显示位置和面积
         showLocation();                 //继承父类成员
      System.out.println("Area"+area());
   }
}
public class Example4.12 {
   public static void main(String[] args){
         Rectangle  r = new  Rectangle (100,200);
         r.setWH(20,35);
         r.showLocArea();


}
```

程序运行结果为：

Location：(100,200)

Area：700

在类的继承中，若子类定义了与父类相同名字的成员变量，则子类继承父类的成员变量

被隐藏。这里所谓的隐藏是指子类拥有两个相同名字的变量，一个是继承父类，另一个是自己声明的。当子类执行继承至父类的方法时，处理的是继承至父类的成员变量；当子类执行它自己声明的方法时，操作的是它自己声明的变量，而把继承父类的相同名字变量"隐藏"起来。

子类定义了与父类相同的成员方法，包括相同的名字，参数列表和相同返回值类型。这种情况称为方法重写（后面章节详细介绍）。

一般出现下面情况需要使用方法重写：

（1）子类中实现与父类相同的功能，但采用的算法或计算公式不同。

（2）在子类的相同方法中，实现的功能比父类更多。

（3）在子类中需要取消从父类继承的方法。

子类通过成员变量的隐藏和方法的重写可以把父类的属性和行为改变为自身的属性和行为。

方法重写实例如下：

例 4.13

```java
import Java.io*;
class   Point{
   int    x,y;
   void setXY(int a,int b){x=a;y=b;}
   void    show(){System.out.println("Location:("+x+","+y+")");}
}
class   Rectangle   extends   Point{
   int    y;
   int    width,height;
   int area(){return    width*height;}
   void    setWHY(int w,int h,int yy){width=w;height=h;y=yy;}
   void    show(){
     System.out.println("Location:("+x+","+y+")");
     System.out.println("Area:"+area());
   }
}
public class Example4.13 {
    public static void main(String[] args){
         Rectangle   r = new   Rectangle (100,300);
         r.setWH(20,35);
         r.show ();
    }
}
```

程序运行结果为：
Location：(100,300)
Area：700

4.7　super 关键字

　　super 表示当前对象的直接父类对象，是当前对象的直接父类对象的引用。所谓直接父类是相对于当前对象的其他"父类"而言，super 代表的是直接父类。若子类的数据成员或成员方法与父类的数据成员或成员方法名相同，当要调用父类的同名方法或使用父类的同名的数据成员时，则可以使用关键字 super 来指明父类的数据成员和方法。super 的使用方法有以下3 种：

（1）用来访问直接父类中被隐藏的数据成员，其形式如下：
super.数据成员
（2）用来调用直接父类中被重写的成员方法，其形式如下：
super.成员方法
（3）用来调用直接父类的构造方法，其形式如下：
super（参数）

例 4.14

```
public class Example4.14 {
    public static void main(String[] args){
        B b = new B(1,2,3,4);
        b.display();
    }
}
class A{                                        //定义父类
    int    x,y;
    public   A(int   x,int   y){this.x=x;this.y=y}      //父类构造方法
    public   void display(){System.out.println("In class A: x="+x+",y="+y);}
}
class B extends A{                              //子类
    int a,b;
    public B(int x,int y,int a,int b){          //子类构造方法
        super(x,y);
        this.a=a;
        this.b=b;
    }
```

```java
    public void display(){
        super.display();
        System.out.println("In class B:a="+a+",b="+b);
    }
}
```
程序运行结果为：
In class A：x=1，y=2
In class B：a=3，b=4

例 4.15
```java
class FatherClass {
    public int value;
    public void f() {
        value = 100;
        System.out.println("FatherClass.value="+value);
    }
}

class ChildClass extends FatherClass {
    public int value;
    public void f() {
        super.f();
        value = 20;
        System.out.println("ChildClass.value=" + value);
        System.out.println(value);
        System.out.println(super.value);
    }
}

public class Example4.15{
    public static void main(String[] args){
        ChildClass cl = new ChildClass();
        cl.f();
    }
}
```
程序运行结果为：
FatherClass.value=100
ChildClass.value=20
20
100

注：子类的构造的过程必须调用其基类的构造方法。子类可以在自己的构造方法中使用 super（argument_list）调用基类的构造方法。

使用 this(argument_list)调用本类的另外的构造方法。

如果调用 super，必须写在子类构造方法的第一行。

如果子类的构造方法中没有显示地调用基类构造方法，则系统默认调用基类无参数的构造方法。

如果子类构造方法中既没有显示的调用基类构造方法，而基类中又没有无参的构造方法，则编译出错。

例 4.15

```
class SuperClass {
    private int n;
    SuperClass() {
        System.out.println("SuperClass()");
    }
    SuperClass(int n) {
        System.out.println("SuperClass(" + n + ")");
        this.n = n;
    }
}


class SubClass extends SuperClass {
    private int n;
    SubClass(int n) {
        System.out.println("SubClass(" + n + ")");
        this.n = n;
    }
    SubClass() {
        super(300);
        System.out.println("SubClass()");
    }
}
public class Example4.16{
    public static void main(String arg[]) {
        SubClass sc2 = new SubClass(400);
    }
}
```

若 SuperClass()没有被定义，则编译出错！

4.8 Object 类常用方法

1. toString 方法

Object 类中定义有 public String toString()方法,其返回值是 String 类型,描述当前对象的有关信息。在进行 String 与其他类型数据的连接操作时(如:System.out.println("info" + person)),将自动调整用该对象类的 toString()方法。可以根据需要在用户自定义类型中重写 toString()方法。

例 4.17
```
public class Example4.17{
    public static void main(String[] args) {
      Person p = new Person();
      System.out.println(p);
    }
}
class Person{
    private String name;
    public String toString(){
      return "name";
    }
}
```
输出结果:
name

2. equals 方法

Object 类中定义有 public boolean equals(Object obj)方法。Object 的 equals 方法定义为:x.equals(y),当 x 和 y 是同一个对象的引用时返回 true,否则返回 false。J2sdk 提供的一些类,如 String,Date 等,重写了 Object 的 equals 方法,调用这些类的 equals 方法 x.equals(y),当 x 和 y 所引用的对象是同一类对象且属性内容相等时(并不一定是相同对象),返回 true 否则返回 false,可以根据需要在用户自定义类型中重写 equals 方法。

例 4.18
```
class Mao {
    String name;
    String color;
    Mao(String n,String c){
            name = n; color = c;
    }
    public boolean equals(Object obj) {
        return true;
```

```java
    }
}
public class Example4.18{
    public static void main(String[] args) {
        Integer i1 = new Integer(1);
        Integer i2 = new Integer(1);
        System.out.println(i1 == i2);   //false,不同对象引用。
        System.out.println(i1.equals(i2)); // true,Integer 重写了 equals 方法,值相等返回 true
        Mao m1 = new Mao("A", "A");
        Mao m2 = new Mao("A", "A");
        System.out.println(m1 == m2); //false
        System.out.println(m1.equals(m2)); //true
    }
}
```

4.9 final 类、final 方法

final 类不能被继承，即不能有子类。如：

```java
final class A{
    …
}
```

A 就是一个 final 类。有时候是出于安全性的考虑，将一些类修饰为 final 类。例如，Java 提供的 String 类，它对于编译器和解释器的正常运行有很重要的作用，对它不能轻易改变，因此它被修饰为 final 类。

如果一个方法被修饰为 final 方法，则这个方法不能被重写。如果一个成员变量被修饰为 final 型，就是常量。

4.10 对象的上转型对象

我们经常说"老虎是哺乳动物""狗是哺乳动物"等。若哺乳类是老虎类的父类，这样说当然正确，但当你说老虎是哺乳动物时，老虎将失掉老虎独有的属性和功能。下面我们就介绍对象的上转型。

假设，A 类是 B 类的父类，当我们用子类创建一个对象，并把这个对象的引用放到父类的对象中时，比如：

```java
A a;
a=new B();
```

或

A a;B b=new B();

a=b;

称这个父类引用是 a，指向了子类对象（子类引用 b 指向的对象），好比说 "老虎是哺乳动物"。即对象上转型。上转型对象会失去原对象的一些属性和功能，具有如下特点：

（1）上转对象不能操作子类新增的成员变量，失掉了这部分属性。不能使用子类新增的方法，失掉了一些功能。

（2）上转型对象可以操作子类继承或重写的成员变量，也可以使用子类继承的或重写的方法。

（3）如果子类重写了父类的某个方法后，当对象的上转对象调用这个方法时一定是调用了这个重写的方法。因为程序在运行时知道，这个上转对象的实体是子类对象，只不过看成父类型而已。可以使用引用变量 instanceof 类名来判断该引用型变量所 "指向" 的对象是否属于该类或该类的子类。

不可以将子类引用指向父类对象，不能说 "哺乳动物是老虎"。

例 4.19

```java
class Animal {
    public String name;
    Animal(String name) {
        this.name = name;
    }
}
class Cat extends Animal {
    public String eyesColor;
    Cat(String n, String c) {
        super(n); eyesColor = c;
    }
}
class Dog extends Animal {
    public String furColor;
    Dog(String n, String c) {
        super(n);   furColor = c;
    }
}
public class Example4.19{
    public   static void main(String[] args) {
        Animal a = new Animal("name");
```

```java
        Cat c = new Cat("catname","blue");
        Dog d = new Dog("dogname","black");
        System.out.println(a instanceof Animal); //true
        System.out.println(c instanceof Animal);//true
        System.out.println(d instanceof Animal);//true
        System.out.println(a instanceof Cat);//false
        a = new Dog("bigyellow","yellow");
        System.out.println(a.name);//bigyellow
        System.out.println(a.furColor);//error
        System.out.println(a instanceof Animal);//true
        System.out.println(a instanceof Dog);//true
        Dog d1 = (Dog)a;
        System.out.println(a.furColor);//yellow
    }
}
```

例 4.20

```java
public class Example4.20{
        public static void main(String args[]) {
                Test test = new Test();
                Animal a = new Animal("name");
                Cat c = new Cat("catname","blue")
                Dog d = new Dog("dogname","black");
                test.f(a);    test.f(c); test.f(d);
        }
        public void f(Animal a) {
                System.out.println("name: " + a.name);
                if(a instanceof Cat) {
                        Cat cat = (Cat)a;
                        System.out.println(cat.eyesColor);
                }elseif(a instanceof Dog) {
                        Dog dog = (Dog)a;
                        System.out.println(dog.furColor);
                }
        }
}
```

Example4.19 中 f 方法参数变量类型是 Animal（父类），实际参数为 Animal 类型或 Animal 的子类对象，也即父类引用指向子类对象，把 Cat 和 Dog 都看成了 Animal。

4.11 方法重写

通过面向对象系统中的继承机制，子类可以继承父类的方法。但是，子类的某些特征可能与从父类中继承来的特征有所不同，为了体现子类的这类特性，Java 允许子类对父类的同名方法重新进行定义，即在子类中定义与父类中已定义的名称相同而内容不同的方法。这种多态称为方法重写，也称为方法覆盖。

由于重写的同名方法存在于子类对父类的关系中，所以只需要在方法引用时指明引用的是父类的方法还是子类的方法，就可以很容易把他们区分开来。对于重写的方法，Java 运行时系统根据调用该方法的实例的类型来决定选择哪个方法调用。对于子类的一个实例，如果子类重写了父类的方法，则运行时系统调用子类的方法。如果子类继承父类的方法，则运行时系统调用父类的方法。重写方法的调用如下：

例 4.21

```
class A{
    void display(){System.out.println("A's method display()called!");}
    void print(){System.out.println("A's method print()called!");}
}
class B extends A{
    void display(){System.out.println("B's method display()called!");}
}
public class Exmaple4.21{
    public static void main(String args[]){
        A a1=new A();
        a1.display();
        A a2=new B();
        a2.display();
        a2.print();
    }
}
```

程序运行结果为：

A's method   display()called!

A's method   print()called!

B's method   display()called!

A's method   print()called!

在上例中，定义了类 A 和类 A 的子类 B。然后声明类 A 的变量 a1、a2，用 new 建立类

A 的一个实例和类 B 的一个实例，并使 a1、a2 分别储存 A 类实例引用和 B 类实例引用。Java 运行时系统分析该引用是类 A 的一个实例还是类 B 的一个实例，从而决定调用类 A 的方法 display()还是调用类 B 的方法 display()。

方法重写时要遵循两个原则：
（1）改写后的方法不能比被重写的方法有更严格的访问权限。
（2）重写后的方法不能比被重写的方法产生更多的异常（"异常处理"章节详细介绍）。

进行方法重写时必须遵循这两个原则，否则编译器会指出程序出错。编译器加上这两个限定，是为了与 Java 语言的多态性特点一致而做出的。

例 4.21
```java
class SuperClass{
    public void fun(){}
}
class SubClass extends SuperClass{
    protected void fun(){}
}
public class Example4.21{
    public static void main(String args[]){
        SuperClass a1=new SuperClass();
        SuperClass a2=new SuperClass();
        a1.fun();
        a2.fun();
    }
}
```
上面程序编译出现错误。产生错误的原因在于：子类中重写的方法 fun()的访问权限比父类中被重写的方法有更严格的访问权限。

4.12 类的多态

我们经常说哺乳动物有很多种叫声，比如，"吼""嚎""汪汪""喵喵"等，这就是叫声的多态。当一个类有很多子类时，并且这些子类都重写了父类中的某个方法。那么我们把子类对象赋值给父类型引用变量时，就得到了该对象的一个上转型对象，这个上转的对象在调用这个方法时就可能具有多种形态，因为不同的子类在重写父类的方法时可能产生不同的行为。比如，狗类的上转型对象调用"叫声"方法时产生的行为是"汪汪"，而猫类的上转型对象调用"叫声"方法时，产生的行为是"喵喵"等。

多态性就是指父类的某个方法被其子类重写时，可以各自产生自己的功能行为。

例 4.22
```java
class 动物{                              //伪代码
    void cry(){}
```

```
}
class 狗 extends 动物 {
    void cry(){
        System.out.println("汪汪.....");
    }
}
class 猫 extends 动物 {
    void cry(){
        System.out.println("喵喵.....");
    }
}
class Example4.22{
    public static void main(String args[]){
        动物  dongwu;
        if(Math.random()>=0.5){
    dongwu=new 狗();
    dongwu.cry();
        }else{
    dongwu=new 猫();
    ongwu.cry();
        }
    }
}
```

4.13　abstract 关键字

很多时候我们定义父类的目的是为了定义统一的操作方式并让子类继承而已。因此，并不清楚父类方法在各个子类中的具体实现，即实现父类的方法显得多此一举（例如前面的动物叫声）。这时，我们可以采用抽象方法和抽象类完成父类定义。

用 abstract 关键字来修饰一个类时，这个类叫做抽象类，用 abstract 来修饰一个方法时，该方法叫做抽象方法。含有抽象方法的类必须被声明为抽象类，抽象类必须被继承，抽象方法必须被重写。抽象类不能被实例化。抽象方法只需声明，而不需实现。

```
abstract class Animal {
    private String name;
    Animal(String name) {
        this.name = name;
    }
    public abstract void enjoy();
```

```
}
class Cat extends Animal {
    private String eyesColor;
    Cat(String n, String c) {
            super(n); eyesColor = c;
    }
    public void enjoy() {
            System.out.println("猫叫声");
    }
}
```
注：抽象类虽然不可实例化对象，但可作为父类引用变量的声明型。

例如：Animal a = new Cat();

4.14 接口（interface）

在 Java 中通过 extends 实现单继承，从类的继承上来讲，Java 只支持单继承，这样可避免继承中各父类含有同名成员时在子类中发生引用无法确定的问题。但是，为了某些时候的操作方便并增加 Java 的灵活性，达到多继承的效果，可利用 Java 提供的接口来实现。

接口(interface)是抽象方法和常量值定义的集合。

从本质上讲，接口是一种特殊的抽象类，这种抽象类中只包含常量和方法的定义，而没有变量和方法的实现。Java 中的接口使得处于不同层次上以至于互不相干的类能够执行相同的操作、引用相同的值，而且可以同时实现来自不同类的多个方法。

接口与抽象类的不同之处在于：接口的数据成员必须被初始化；接口中的方法必须全部都声明为抽象方法。

接口的一般定义格式为：

[public]interface 接口名{

   //接口体

}

其中，interface 是接口的关键字，接口名是 Java 标示符。如果缺少 public 修饰符，则该接口只能被与它在同一个包的类实现。接口体中可以含有下列形式的常量定义和方法声明：

[public][static][final] 类型　常量名=变量值；　　　　//数据成员必须被初始化

[public][abstract] 方法类型　方法名([参数列表])；　　　//方法必须声明为抽象方法

其实，常量名是 Java 标识符，通常用大写字母表示，常量值必须与声明的类型相一致；方法名是 Java 标识符，方法类型是指该方法的返回值类型。final 和 abstract 在接口中可以省略。

例如，下列程序段声明了一个接口：

//定义程序使用的常量和方法的接口

  public interface MyInterface {

```
        double price = 8750 00;
        final int counter = 555;
    public void add(int x ,int y);
    public void volume(int x,int y,int z);
}
```

接口中只包含抽象方法，因此不能像一般类对待，使用 new 运算符直接产生对象。用户必须利用接口的特征来打造一个类，再用它来创造对象。利用接口打造新的类的过程，称为接口的实现。接口实现的一般语法格式为：

```
class   类名   implements   接口名称{        //接口的实现
                                            //类体

}
```

实现接口举例：

例 4.23

```
interface Singer {
    public void sing();
    public void sleep();
}
class Student implements Singer {
    private String name;
    Student(String name) {
        this.name = name;
    }
    public void study() {
        System.out.println("Studying");
    }
    public String getName() {return name;}
    public void sing() {
        System.out.println("student is sing");
    }
    public void sleep() {
        System.out.println("student is sleeping");
    }
}
```

Student 类实现时，必须重写 Singer 接口中的所有方法，否则 Student 类是一个抽象类，不能生成该类的对象。

接口也可以通过关键字 extends 继承其他接口。子接口将继承父接口中所有的常量和抽象方法。此时，子接口的非抽象类不仅要实现子接口的抽象方法，而且需要实现父接口的所有抽象方法。

接口的继承举例：

例 4.24
```
Interface shape2D{
    double PI=3.14159;
    abstract double area();
}
Interface shape3D extends shape2D{
    double volume();
}
class circle implement shape3D{
    double radius;
    public Circle(double r){radius=r;}                                  //实现间接父接口的方法
    public double volume(){return 4*radius*radius*radius/3;}   //实现直接父接口的方法
}
```

在 Java 中不允许有多个父类的继承，因为 Java 的设计是以简单、实用为导向，而利用类的多继承将使得问题复杂化，与 Java 设计意愿相背。虽然如此，但通过接口机制，可以实现多重继承的处理。通过将一个类实现多个接口，就可以达到多重继承的目的。

实现多个接口例子：

例 4.25
```
interface shape{
    double are();
    double volume();
}
interface color{void setcolor(String str);}
class Circle implement shape,color{
    Double radius;
    String color;
    public Circle (double r){radius=r;}
    public double area(){return PI*radius*radius;}
    public double volume(){return 4PI*radius*radius*radius/3;}
    public void setcolor(String str){color=str;}
    String getcolor(){return color;}
}
```

注意：

（1）接口相当于纯抽象类，那么接口同样具有与类相同的重要性质，包括多态性。父类引用变量可以接口为变量类型。

（2）接口中声明属性默认为 public static final 属性，也只能是 public static final 属性。

（3）接口中只能定义抽象方法，而且这些方法默认为 public 的，也只能是 public 的。

（4）接口可以继承其他接口，并添加新的属性和抽象方法。

本章小结

本章以类、对象及其之间的关系为线索，介绍了 Java 面向对象编程相关的知识点，其内容是本门课程的基础。

习 题

一、选择题

1. 已知有下面类的说明：
```
public class X5_1_1 extends x{
    private float f =10.6f;
    int i=16;
    static int si=10;
      public static void main(String[] args) {
           X5_1_1 x=new   X5_1_1();
      }
}
```
在 main()方法中，下面哪条语句的用法是正确的？（   ）
A．x.f   B．this.si   C．X5_1_1.i   D．X5_1_1.f

2．下列程序的运行结果是（   ）。
```
public class X5_1_2 extends x{
    int ab(){
        static int aa=10;
        aa++;
        System.out.println(aa);
    }
    public static void main(String[] args) {
        X5_1_2 x=new   X5_1_2();
        x.ab();
    }
}
```
A．10   B．11
C．编译错误   D．运行成功，但不输出

3．下面关于接口的说法中不正确的是（   ）
A．接口中所有的方法都是抽象的
B．接口中所有的方法都是 public 访问权限
C．子接口继承父接口所用的关键字是 implements

D．接口是Java中的特殊类，包含常量和抽象方法
4．区分类中重载方法的依据是（ ）
A．形参列表的类型和顺序 B．不同的形参名称
C．返回值的类型不同   D．访问权限不同
5．子类对象能否直接向其父类赋值？父类对象能否向其子类赋值？（ ）
A．能，能 B．能，不能 C．不能，能 D．不能，不能
6．Java语言类间的继承关系是（ ）
A．单继承 B．多重继承 C．不能继承 D．不一定
7．Java语言接口间的继承关系是（ ）
A．单继承 B．多重继承 C．不能继承 D．不一定
8．一个类实现接口的情况是（ ）
A．一次可以实现多个接口   B．一次只能实现一个接口
C．不能实现接口   D．不一定
9．定义外部类的类头时，不可用的关键字是（ ）
A．public   B．final   C．protected   D．abstract
10．如果局部变量和成员变量同名，如何在局部变量作用域内引用成员变量？（ ）
A．不能引用，必须改名，使它们的名称不相同
B．在成员变量前加this，使用this访问该成员变量
C．在成员变量前加super，使用super访问该成员变量
D．不影响，系统可以自己区分
11．下面说法不正确的是（ ）
A．抽象类既可以做父类，也可以做子类
B．abstract和final能同时修饰一个类
C．抽象类中可以没有抽象方法，有抽象方法的类一定是抽象类或接口
D．声明为final类型的方法不能在其子类中重新定义
12．下列哪种类成员修饰符修饰的变量只能在本类中被访问？（ ）
A. protected   B. public   C. default   D. private
13．在Java语言中，哪一个包中的类是自动导入的？（ ）
A. Java.lang   B. Java.awt   C. Java.io   D. Java.applet
14．给出下面的程序代码：
public class X4_1_3 {
　　private float a;
　　　public static void m ( ){   }
}
如何使成员变量a被方法m( )访问（ ）
A．将private float a 改为 protected float a　　B．将private float a 改为 public float a
C．将private float a 改为 static float a　　　D．将private float a 改为 float a
15．有一个类B，下面为其构造方法的声明，正确的是（ ）
A.void B(int x){}   B.B(int x) {}

C.b(int x){}   D.void b(int x) {}

16．下面关于类的说法，不正确的是（   ）
A．类是同种对象的集合和抽象   B．类属于 Java 语言中的复合数据类型
C．类就是对象   D．对象是 Java 语言中的基本结构单位

17．下面关于方法的说法，不正确的是（   ）
A．Java 中的构造方法名必须和类名相同
B．方法体是对方法的实现，包括变量声明和合法语句
C．如果一个类定义了构造方法，也可以用该类的默认构造方法
D．类的私有方法不能被其他类直接访问

18．关于内部类，下列说法不正确的是（   ）
A．内部类不能有自己的成员方法和成员变量
B．内部类可用 private 或 protected 修饰符修饰
C．内部类可以作为其他类的成员，而且可访问它所在的类的成员
D．除 static 内部类外，不能在类内部声明 static 成员

19．定义外部类时不能用到的关键字是（   ）
A．final   B．public   C．protected   D．abstract

20．为 AB 类定义一个无返回值的方法 f，使得使用类名就可以访问该方法，该方法头的形式为（   ）
A．abstract void f()   B．public void f()
C．final void f()   D．static void f()

21．定义一个公有 double 型常量 PI，哪一条语句最好？（   ）
A．public final double PI;   B．public final static double PI=3.14;
C．public final static double PI;   D．public static double PI=3.14;

二、填空题

1．消息就是向对象发出_____，是对_____和_____的引用。

2．在面向对象系统中，消息分为两类：_____和_____。

3．在面向对象程序设计中，采用_____机制可以有效地组织程序结构。充分利用已有的类来创建更复杂的类，大大提高程序开发的效率，提高代码的复用率，降低维护的工作量。

4．_____是指在子类中重新定义一个与父类中已定义的数据成员名完全相同的数据成员。

5．子类可以重新定义与父类同名的成员方法，实现对父类方法的_____。

6．子类在重新定义父类已有的方法时，应保持与父类完全相同的_____、_____和_____，否则就不是方法的覆盖，而是子类定义自己特有的方法，与父类的方法无关。

7．this 代表了_____的一个引用，super 表示的是当前对象的_____的引用。

8．抽象类不能_____对象，该工作由抽象类派生的非抽象子类来实现。

9．如果父类中已有同名的 abstract 方法，则子类中就_____（能/不能）再有同名的抽象方法。

10．abstract 类中不能有_____访问权限的数据成员或成员方法。

11．_____是声明接口的关键字，可以把它看成一个特殊类。接口中的数据成员默认的修饰符是_____，接口中的成员方法默认的修饰符是_____。

12．如果实现某接口的类不是 abstract 的抽象类，则在类的定义部分必须_____该接口的所有抽象方法；如果实现某接口的类是 abstract 的抽象类，则可以_____该接口所有的方法。但是对于这个抽象类任何一个非抽象的子类而言，它们父类所实现的接口中的所有抽象方法以及自身所实现接口中的抽象方法都必须有实在的_____。

13．包的作用有两个，一是_____，二是_____。

14．封装也称_____，是指类的设计者只为类的使用者提供类的可以访问的部分（包括类的数据成员和成员方法），而把类中的其他成员_____起来，使用户不能访问的机制。

15．Java 提供了4种访问权限来实现封装机制，即_____、_____、_____和_____。

16．Java 中提供两种多态机制，_____与_____。

17．当一个构造方法需要调用另一个构造方法时，可以使用关键字_____，同时这个调用语句应该是整个构造方法的_____可执行语句。

18．如果子类自己没有构造方法，那么父类也一定_____（有/没有）带参的构造方法，此时它将继承父类的_____作为自己的构造方法；如果子类自己定义了构造方法，则在创建新对象时，它将先执行_____的构造方法，然后再执行自己的_____。

19．对于父类的含参数构造方法，子类可以通过在自己的构造方法中使用_____关键字来调用它，但这个调用语句必须是子类构造方法的_____可执行语句。

20．创建一个名为 myPackage 的包的语句为_____，该语句应该放在程序_____位置。

21．_____是对事物的抽象，而_____是对对象的抽象和归纳。

22．从用户的角度看，Java 源程序中的类分为两种：_____和_____。

23．一个类主要包含两个要素：_____和_____。

24．创建包时需要使用关键字_____。

25．类中的_____方法是一个特殊的方法，该方法的方法名和类名相同。

26．如果用户在一个自定义类中未定义该类的构造方法，系统将为这个类定义一个_____构造方法。这个方法没有_____，也没有任何_____，不能完成任何操作。

27．静态数据成员被保存在类的内存区的_____单元中，而不是保存在某个对象的内存区中。因此，一个类的任何对象访问它时，存取到的都是_____（相同/不同）的数值。

28．静态数据成员既可以通过_____来访问，也可以通过_____直接访问它。

29．定义常量时要用关键字_____，同时需要说明常量的_____并指出常量的具体值。

30．方法体内定义变量时,变量前不能加_____；局部变量在使用前必须_____，

89

否则编译时会出错；而类变量在使用前可以不用赋值，它们都有一个_____的值。

31．static 方法中只能引用_____类型的数据成员和_____类型的成员方法；而非 static 类型的方法中既可以引用_____类型的数据成员和成员方法，也可以引用_____类型的数据成员和成员方法。

32．引用 static 类型的方法时，可以使用_____做前缀，也可以使用_____做前缀。

33．当程序中需要引用 Java.awt.event 包中的类时，导入该包中类的语句为_____。

34．定义类时需要_____关键字，继承类时需要_____关键字，实现接口时需要关键字_____。

三、编程题

1．编写一个实现方法重载的程序。

2．编写一个实现方法覆盖的程序。

3．编写一个实现数据成员隐藏的程序。

4．编写一个使用 this 和 super 关键字的程序。

5．编写一个人类 Person，其中包含姓名、性别和年龄的属性，包含构造方法以及显示姓名、性别和年龄的方法。再编写一个学生类 Student，它继承于 Person 类，其中包含学号属性，包含构造方法以及显示学号的方法。最后编写一个主类 X5_3_5，包含 main()方法，在 main()方法中定义两个学生 s1 和 s2 并给他们赋值，最后显示他们的学号、姓名、性别以及年龄。

6．编一个程序，包含以下文件。

（1）Shape.Java 文件，在该文件中定义接口 Shape，该接口在 shape 包中。

属性：PI。

方法：求面积的方法 area()。

（2）Circle.Java 文件，在该文件中定义圆类 Circle，该类在 circle 包中，实现 Shape 接口。

属性：圆半径 radius。

方法：构造方法；实现接口中求面积方法 area()；求周长方法 perimeter()。

（3）"Cylinder.Java" 文件，在该文件中定义圆柱体类 Cylinder，该类口在 cylinder 包中，继承圆类。

属性：圆柱体高度 height。

方法：构造方法；求表面积方法 area()；求体积方法 volume()。

（4）X5_3_6.Java 文件，在该文件中定义主类 X5_3_6，该类在默认包中，其中包含主方法 main()，在主方法中创建两个圆类对象 cir1 和 cir2，具体尺寸自己确定，并显示圆的面积和周长；再创建两个圆柱体类的对象 cy1 和 cy2，具体尺寸自己确定，然后分别显示圆柱体 cy1 和 cy2 的底圆的面积和周长以及它们各自的体积和表面积。

第 5 章　数组与字符串

数组是相同类型的数据按顺序组成的一种复合数据类型。通过数组名加数组下标来使用数组中的数据。下标从 0 开始排序。在 Java 中是把数组当作对象来实现。数组元素在内存中连续存储。数组对象所包含元素的个数称作数组的长度，使用 length 属性表示。当数组对象被创建后，数组的长度就固定不再发生变化了。数组元素的类型可以是任何数组类型，当数组元素类型仍然为指向数组对象的引用类型时，此时就构成了多维数组。下面分别介绍一维数组和多维数组的声明、初始化和使用。

5.1　一维数组

5.1.1　一维数组的声明

同其他类型的变量一样，在使用之前必须先进行声明。一维数组的声明格式为：

类型　数组名[]或类型[]　数组名

其中，类型为数组元素的数据类型，可以是 Java 中的任何数据类型，包括基础类型和引用类型。数组名必须为 Java 的合法标识符，"[]"指明该变量是一个数组类型的引用变量，而不是简单类型变量。它既可以放到数组名后面，也可以放到数组名前面。例如：

int　a[]; 或 int　　[]a;

以上两种定义方式效果完全一样，即声明了一个数组 a，数组中的每个元素都为整型。

Java 语言中声明数组时不能指定其长度：

例如：int a[5]; //非法

所以，在数组声明之后要为数组分配空间，格式为：

数组名=new　　类型[数组长度];

其中，数组长度为数组元素的个数。例如：

a=new int[10];

为整型数组 a 分配 10 个整型数据所占的内存空间。也可以将数组定义和分配数组空间的语句并在一起，例如：

int a[]=new int[10];

5.1.2　一维数组的初始化

数组使用 new 分配空间时，数组中的每个元素会自动赋一个默认值，如整型为 0，实数型为 0.0、布尔型为 false、引用类型为 null、字符型为'/0'等。

例 5.1：整型数组初始化。

```java
public class Example5.1{
    public static void main(String[] args) {
        int[] s;
        s = new int[5];
        for(int i=0;i<5;i++){
            s[i] = i;
        }
    }
}
```

s 整形数组内存模型如图 5.1 所示。

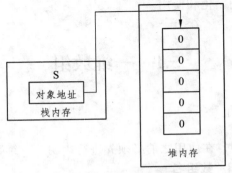

图 5.1 数组内存模型

但实际操作中，并不使用这些默认值，需要对数组重新进行初始化。例如：

s[0]=1;
s[1]=2;
    ...

也可以使用静态初始化（在数组声明的时候为数组初始化），例如：

int s[]={10,20,30,40,50};

例 5.2：元素为引用数据类型的数组。

```java
class Date{
    int year;
    int month;
    int day;
    Date(int y,int m,int d){
        year = y;
        month = m;
        day = d;
    }
}
```

```
public class Example5.2{
    public static void main(String[] args){
      Date[] days;
      days = new Date[3];
    }
}
```
days 是指向 Date 数组的引用变量，其指向的 Date 引用类型数组元素个数是 3，引用类型默认初始值为 null，内存模型如图 5.2 所示。

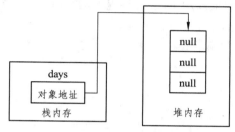

图 5.2　引用类型数组内存模型 1

修改 main 函数如下：
```
public static void main(String[] args){
    Date[] days;
    days = new Date[3];
    for(int i=0;i<3;i++){
        days[i] = new Date(2004,4,i+1);
    }
}
```
内存分配如图 5.3 所示。

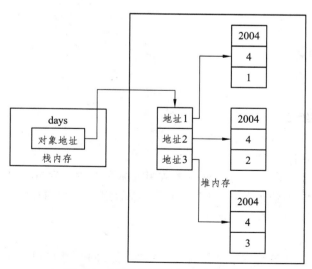

图 5.3　引用类型数组内存模型 2

图 5.3 中存储地址 1、地址 2、地址 3 的变量名是 days[0]、days[1]、days[2]，静态初始化代码如下：
```
public class Example5.3{
    public static void main(String[] args){
     Date[] days = {new Date(2004,4,1),new Date(2004,4,2)
            ,new Date(2004,4,3) }
    }
}
```
数组下标为从 0 到 2。如果调用了 a[3]，程序运行时将提示错误：
Java.lang.ArrayIndexOutBoundsException
创建数组之后不能改变数组的长度。使用数组的 length 属性可以获取数组长度，它的使用方法如下：

数组名.length。

例如，上面定义的数组：
Date days[]=new Date[3];
可以使用 days.length，表示数组 days 的长度为 3。

5.2 多维数组

和其他很多语言一样，Java 也支持多维数组，在 Java 语言中，多维数组被看作数组的数组，即低维元素的每个变量类型是一个指向数组的引用。例如，二维数组为一个特殊的一维数组，其每一个元素又是一个一维数组。以下主要以二维数组为例进行介绍，其他更高维的数组的情况都是类似的。

5.2.1 二维数组的声明

二维数组的声明格式为：
数组类型 数组名[][]
或
数组类型[][] 数组名
或
数组类型[] 数组名[]

与一维数组的定义一样，这时并没有为数组元素分配内存空间，还不能调用数组元素，需要使用 new 运算符来为数组分配空间。对于二维数组，分配内存空间有下面两种方法：
（1）直接为每一维分配空间，例如：
int a[][]=new int[3][2];
我们理解为，这条语句创建一个具有 3 个数组元素的一维数组。每个数组元素都是指向一个具有 2 个元素的一维数组的引用类型。由于数组元素类型是 int 型，因此，初始化值是 0，如图 5.4 所示。

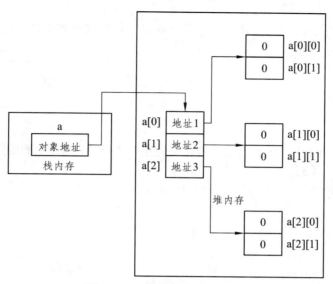

图 5.4　二维数组内存模型 1

（2）也可从低维开始，分别为每一维分配空间，例如：
int a=new int [3][];
a[0]=new int[2];
a[1]=new int[3];
a[2]=new int[4];
数组存储的模型如图 5.5 所示。

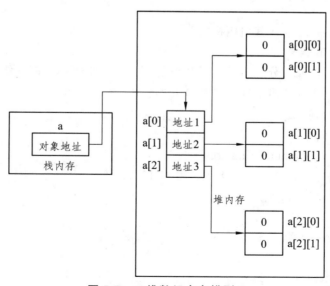

图 5.5　二维数组内存模型 2

5.2.2 二维数组的初始化

为数组分配完空间后,需要对数组进行初始化,并直接为数组元素赋值,例如:
int a[][]=new int[2][2];
a[0][0]=1
a[0][1]=2;
a[1][0]=3;
a[1][1]=4;
也可以在数组声明的时候为数组初始化(静态初始化),例如上面的语句也可以写成:
Int a[][]={{1,2},{3,4}};
例 5.4:初始化二维数组,输出数组长度和每个元素的值。

```
class Example5.4{
    public static void main(String args[]){
        int a[][]={{12,34},{-5},{3,5,7}};
        System.out.println("二维数组 a 的长度为: "+a.length);
            for(int i=0;i<a.length;i++){
            for(j=0;j<a[i].length;j++){
                System.out.print(a[i][j]);
            }
        }
    }
}
```

5.2.3 二维数组的引用

对于二维数组中的元素,其引用格式为:
数组名[下标 1][下标 2]
其中,下标 1、下标 2 分别表示二维数组的第一、二维下标。同一维数组一样,可以为整型常量和表达式,并且数组下标都是从 0 开始。
例 5.5:二维数组转置

```
class Example5.5{
    public static void main(String args[]){
        int a[][]={{1,2,3},{4,5,6},{7,8,9},{10,11,12}};
        int b[][]=new int[3][4];
        int i,j;
        //输出数组 a 的值
        …
        for(i=0;i<4;i++){
            for (j=0;j<3;j++)
                b[j][i]=a[i][j];
```

            }
        }
        //输出数组 b 的值
        …
    }
}
程序运行结果为：
数组 a 各元素的值为：
1   2   3
4   5   6
7   8   9
10   11   12
数组 b 各元素的值为：
1   4   7   10
2   5   8   11
3   6   9   12

5.3 数组的常用方法

Java 语言提供了一些对数组进行操作的类和方法。使用这些系统定义的方法，可以很方便地对数组进行操作。

1. System 类中的静态方法 arraycopy()

系统类 System 中的静态方法 arraycopy()可以用来复制数组，其格式为：
public static void arraycopy(Object src,int src_pos,Object dest,int dest_pos,int length)
其中，src 为源数组名，src_pos 为源数组的起始位置，dest 为目标数组名，dst_pos 为目标数组的起始位置，length 为复制的长度。

例 5.6：使用 arraycopy()方法复制数组。
```
class Example5.6{
    public static void main(String args[]){
        int a[]={1,2,3,4,5,6,7};
        int b[]=new int[6];
        System.arraycopy(a,1,b,2,3);
        …         //输出 b 数组值
    }
}
```
程序运行结果为：
0 2 3 4 0

2. Arrays 类中的方法

在 Java.util.Arrays 类中提供了一系列数组操作的方法,下面介绍其中最常用的两个,其他方法请参阅 J2SDK 的说明文档。

1)排序方法 sort( )

sort 方法实现对数组的递增排序,其格式为:

public static viod sort(Object[] arrayname)

其中,arrayname 为要排序的数组名。

例 5.7:使用 sort 方法排序。

```
import Java.util.*;
class Example5.7{
    public static void main(String args[]){
        int a[]={7,5,2,6,3};
        Arrays.sort(a);
        …        //输出数组值
    }
}
```

程序运行结果为:

2   3   5   6   7

sort 方法存在重载,其格式为:

public static void sort(Object[] arrayname,int fromindex,int toindex)

其中,fromindex 和 toindex 为进行排序的起始位置和结束位置。

注意:排序范围为从 fromindex 到 toindex − 1。

例如,把上面例 5.7 中的"Arrays.sort(a);"改为"Arrays.sort(a,1,4,);"运行结果为:

7   2   5   6   3

2)查找方法 binarySearch()

该方法的作用是对已排序的数组进行二分法查找,其格式为:

public static int binarySearch (Object[] a,Object key)

其中,a 为已排序好的数组,key 为要查找的数据。如果找到,返回值为该元素在数组中的位置;如没有找到,返回一个负数。

例 5.8:使用 binarySearch()方法在数组中查找元素。

```
import Java.util.*;
class Example5.8{
    public static void main(String args[]){
        int a[]={2,4,5,7,9};
        int key,pos;
        key=5;
        pos=Arrays.binarySearch(a,key);
        if(pos<0)
```

                System.out.println("元素"+key+"在数组中不存在。");
            else
                System.out.println("元素"+key+"在数组中的位置为"+pos+"");
        }
    }

程序运行结果为：

元素 5 在数组中的位置为 2

在 Java 中还定义了其他数组操作的类和方法，这里不再赘述。

5.4 字符串处理

5.4.1 字符串常量

字符串在程序设计中经常用到，很多编程语言将字符串定义为基本数据类型，所谓的字符串就是指字符的序列，它是组织字符的基本数据结构，对于绝大多数的程序设计来讲都是十分重要的，尤其是与网络相关的编程。

在 C 语言中，字符串通常被作为字符数组来处理，并规定字符'\0'为字符串的结束标志（它仅是 printf()函数的识别标志，并非真正的字符数组结束）。但是 Java 语言当中由于没有 C 语言的指针类型，对数组的处理没有 C 语言那样灵活，所以 Java 把字符串当作对象来处理，并提供了一系列的方法对字符串进行操作，使得字符串的处理更为容易，也符合面向对象编程的规范。

单个字符和常量字符串的表示方法与 C 和 C++相同，用单引号和双引号表示，例如：

'J' 'A' 'V' 'A'：分别表示字符 J、A、V、A。

"JAVA""Language"：分别表示字符串 JAVA、 Language。

字符串是一个字符序列，可以包含字母、数字和其他符号。字符串常量可以赋给任何一个 String 对象引用，这样处理从表面上看起来和其他编程语言没有太大的差别，但是实际上存在着较大的差异。Java 中的字符串常量始终都是以对象的形式出现的，也就是说，每个字符常量对应一个 String 类的对象。

那么在 Java 中，为什么将字符串定义为类呢？

首先，为了保证在任何系统平台上字符串本身以及对字符串的操作是一致的，尤其是对网络环境，这一点是至关重要的。其次，String 和 StringBuffer 经过了精心的设计，其功能是可以预见的，为此，二者都被声明为最终类，不能派生子类，以防用户修改其功能。最后，Sting 和 StringBuffer 对象在运行时要经历严格的边界条件检验，他们可以自动捕获异常，提高了程序的健壮性。

5.4.2 String 类

String 类是用来表示不可变的字符序列，用它创建的每个对象一经建立便不能修改。以前创建对象通常使用的格式为：
类型名　对象名=new　类型名（[初始化值]）;
Java编译器自动为每个不同字符串常量生成一个String类的实例，所以可以用字符串常量直接初始化一个String对象，格式如下：
String　变量名=字符串常量值
例如：
String str="Hello Java";
String类提供了很多方法，每个字符串常量对应一个String类的对象，所以一个字符串常量可以直接调用String类中提供的方法，例如：
int len;
len="Java Applet".length();
将返回字符串中字符的个数11，即字符串的长度。

创建String类对象的构造方法列举如下：
String str=new String（）：生成一个空串（这是一个无参数的构造方法）。
String（String value）：用已知串value创建一个字符串对象。
String（char chars[]）：用字符数组chars创建一个字符串对象。
String（char chars[], int startIndex, int numchars）：从字符数组chars中的位置startIndex起，用numchars个字符组成的字符串对象。
String(byte ascii[],int hiByte)：用字符数组ASCII创建一个字符串对象,hiByte为Unicode字符的高位字节。对于ASCII码来说为0，其他非拉丁字符集为非0。
String（byte ascii[], int hiByte, int startIndex, int numchars）：其作用和参数意义同上。

例5.9：类String构造方法的使用举例。

```
char chars1[]={'a', 'b', 'c'};
char chars2[]={'a', 'b', 'c', 'd', 'e'};
String s1=new String();
String s2=new String(chars1);//abc
String s3=new String(chars2,0,3);//abcd
byte ascii1[]={97,98，99};
byte ascii2[]={97,98，99，100,101};
String s4=new String(ascii1,0);//abc
String s5=new String(ascii2,0，0,3);
```

注：Java编译器为常量只分配一份存储空间。

例5.10：字符串的比较。

```
public class Example5.10{
    public static void main(String args[]) {
        String s1 = "hello"; String s2 = "world";
        String s3 = "hello";
        System.out.println(s1 == s3);   //true
        s1 = new String("hello");
```

```
            s2 = new String("hello");
            System.out.println(s1 == s2);      /false
            System.out.println(s1.equals(s2));    //true
            char c[] = {'s','u','n ',',','j','a','v','a'};
            String s4 = new String(c);
            String s5 = new String(c,4,3);
            System.out.println(s4);
            System.out.println(s5);
        }
    }
```

s1 与 s2 是两个字符串类型的引用变量，一开始它们指向了"hello"字符串常量。由于常量在内存中只分配一份存储空间，所以，s1 和 s2 的引用值相等，因此"=="结果是 true。而通过 new 关键字创建的新对象具有不同的内存空间，所以"= ="结果为 false，内存结构如图 5.6 所示。

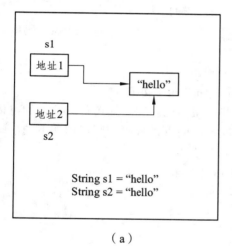
（a）

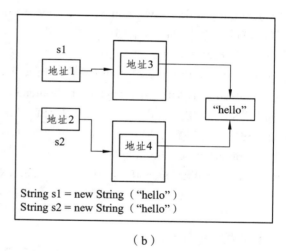
（b）

图 5.6　字符串比较内存模型

5.4.3　String 类字符串的基本操作

访问字符串要得到字符串中的某些信息，包括长度、指定位置字符或子串等，都要用类中提供的方法实现。类 String 中提供访问 String 字符串的方法很多，大体上分为求长度、比较、获取字符串、修改、类转换等几类。

1. String 类字符串的长度

public int length()可返回 String 类字符串对象的长度。例如：

String s="欢迎使用 Java 语言！";
int len=s.length();　　　　　　//len 的值为 11

注意：Java 采用 Unicode 编码，每个字符为 16 位，因此汉字和其他符号一样占用两个字节。另外，字符串的 length()是方法，而数组长度的 length 是变量。

2. String 类字符串的比较

1）boolean equals(Object obj)和 bodean equalsIgnoreCase(String str)

这两个方法都用来比较两个字符串的值是否相等，不同之处在于后者是忽略大小写的，例如：

  System.out.println("Java".equals("Java"));   //输出的值应为 true
  System.out.println("Java".equalsIgnoreCase("JAVA")); //输出的值应为 true

2）int compareTo（String str）

比较两个字符串的大小，若调用方法的串比参数串大，则返回正整数；反之则返回负整数；若两串相等，则返回 0。

注意：若比较的两个串各个位置的字符都相同，仅长度不同，则方法的返回值为二者长度之差。例如：

  System.out.println("Java".compareTo("JavaApplet")); //输出为 – 6

若比较的两个字符串有不同的字符，则从左边起的第一个不同字符的 Unicode 码值之差即两个字符串比较大小的结果。例如：

  System.out.println("those".compareTo("these")); //输出为 10

3）boolean startWith(String prefix)和 boolean endWith(String suffix)

判断当前字符串是否以某些前缀开头或者以某些后缀结尾。比如知道每一地区的电话号码都是以一些特定的数字串开始，如果想要区分不同地区的电话号码，则可用如下的语句；

  String phone=User.getPhone(): //假设 User 为用户对象
  If(phone.startWith(speciaINum)); //speciaINum 为一种特定的号码串
  ……   //相关的操作

;

这两个方法均有重载：

  boolean startWith(String prefix，int offset)
  boolean and With(String suffix，int offset)

在重载的方法中可以指定比较的开始位置 offset。

4）boolean regionMatches(int toffset. String other，int offset，in len)和 boolean region Matches (boolean ignoreCase，int toffset，String other，int offset，int len)

这两个方法都是用来比较两个字符串中指定区域的子串是否相同。不同之处在于后者是区分大小写的，而前者则不然。

toffset 和 offset 指当前调用串与参数串要比较的子串的起始位置，len 指明要比较的长度。

3. String 类字符串的检索和子串

1）char charAT(int index)

该方法的功能是返回固定位置的字符，index 的取值范围从 0 到串长度减 1，例如：

  System.out.println("JavaApplet".charA(4));

2）int indexOf(int ch)和 lastindexOf(int ch)

方法 indexOf()有重载，如下：

int indexOf(int ch，int fromIndex)

int indexOf(String str）

int indexOf(String str，int fromIndex)

该方法的功能是返回字符串的对象中指定位置的字符或子串首次出现的位置，从串对象开始处或从 fromIndex 处开始查找，若未找到，则返回 –1。

方法 lastIndexOf()有重载，如下：

int lastIndexOf(int ch，int fromIndex)

int lastIndexOf(String str)

int lastIndexOf(String str，int fromIndex)

该方法的功能是返回字符串对象中指定位置的字符或子串最后一次出现的位置。也可以说是从右端开始查找的首次出现的位置。

3）String substring(int beginIndex)和 substring(int beginIndex, int endIndex)

该方法的功能是返回字符串。前者是从 beginIndex 处开始到串尾；后者从 beginIndex 处开始到 endIndex – 1 处为止的子字符串，子串长度为 endIndex-beginIndex。

4）String tolowerCase()和 String toUpperCase()

该方法的功能是将当前字符串的所有字符转换小写或大写。例如：

System.out.println("Java".toUpperCase())；//输出为 JAVA

System.out.println("JAVA".tolowerCase())；//输出为 Java

5）Replace(char oldChar，char newChar)

该方法的功能是用字符 newChar 替换当前字符串中所有的字符 oldChar，并返回一个新的字符串。例如：

System.out.println("Javax".replace('x','c'))//输出为 Javac

例 5.11：

```
public class Example5.11{
    public static void main(String args[]) {
      String s1 = "sun Java",s2 = "sun Java";
      System.out.println(s1.charAt(1));//u
      System.out.println(s1.length());//8
      System.out.println(s1.indexOf("Java"));//4
      System.out.println(s1.indexOf("Java"));//-1
      System.out.println(s1.equals(s2));//false
      System.out.println(s1.equalsIgnoreCase(s2));//true
      String s = "我是程序员，我在学 Java";
      String sr = s.replace('我','你');
      System.out.println(s);//你是程序员，你再学 Java
    }
}
```

为了实现字符串中字符的替换，String 类还提供了两个方法：

（1）replaceFirst(String regex，String replacement)：该方法用字符串 replacement 的内容替换当前字符串遇到的第一个和字符串 regex 相一致的子串，并将产生的新字符串返回。

（2）replaceAll(String regex, String replacement)：该方法用字符串 replacement 的内容替换当前字符中遇到的第一个和字符串 regex 相一致的字符串，并将产生的新字符串返回。

如以下语句：
String s="Java！Java！Java！";
String a=s.replaceFirst("Java","Hello");
String =s.replaceAll("Java","Hello");
则字符串 a 的值为"Hello！Java！Java！"，字符串 b 的值为"Hello！Hello！Hello！"

6）String trim（）
该方法的功能是去掉当前字符串首尾的空串（即空白字符）。例如：
String s1= "Java"；
String s2= "很受欢迎！"；
System.out.println(s1.trim()+s2); //输出为：Java 很受欢迎！

7）String concat(String str)。
用来将当前调用的字符串对象与给定参数字符串 str 连接起来，当前字符串在前，参数字符串 str 在后，例如：
System.out.println("Java".concat(programming)); //输出为 Java programming
注意：在 Java 语言中，重载运算符"+"也可用来实现字符串的连接，例如：
String str ="Java"；
str=str+"programming"；
除了该运算符进行重载之外，Java 不支持其他运算符的重载，因为考虑到滥用运算符的重载会大大降低程序的可读性。

例 5.12：
```java
public class Example5.12{
    public static void main(String args[]) {
        String s = "Welcome to Java World!";
        String s1 = " sun Java ";
        System.out.println(s.startsWith("Welcome"));//true
        System.out.println(s.endsWith("World"));//false
        String sL = s.toLowerCase();
        String sU = s.toUpperCase();
        System.out.println(sL);//
        System.out.println(sU);
        String subS = s.subString(11);
        System.out.println(subS);
        String sp = s1.trim();
        System.out.println(sp);
```

	}
}

4. String 类与其他类的转换 static String valueOf(Object obj)

在类 String 中提供了一组 valueOf()方法，用来把不同类型的对象转换为字符串对象，其参数可以是任何类型(byte 类型除外)。他们都是静态的，也就是说不用创建实例化对象即可直接调用这些方法，其重载方法主要有：

static String valueOf(char data[])
static String valueOf(char data[],int offset,int count)
static String valueOf(boolean b)
static String valueOf(char c)
static String valueOf(int i)
static String valueOf(long l)
static String valueOf(float   f)
static String valueOf(double   d)

例 5.13：

```java
public class Example5.13{
    public static void main(String args[]) {
      int j = 1234567;
      String sNumber = String.valueOf(j);
      System.out.println("j 是" + sNumber.length() + "位数。");
      String s = "Mary,F,1982";
      String[] sPlit = s.split(",");
      for(int i=0;i<s.length;i++){
      System.out.println(sPlit[i]);
      }
   }
}
```

同时，Integer、Double、Float、Long 类(每个基础类型都有对应的包装类，int 对应 Integer，double 对应 Double…)中也提供了方法 valueOf()把一个字符串转换为对应的数字类型。

有些方法只接受 String 类型的参数，这就需要把一个对象转化为 String 类型。为此，Java.lang.Object 中提供了该方法把对象转化为字符串(toString()方法)。这种方法通常被重写以适合子类的需要。

5.4.4　StringBuffer 类字符串

Java 语言中用来实现字符串的另一个类是 StringBuffer 类，与实现字符串常量的 String 类不同，StringBuffer 类的每个对象都是可以扩充和修改的字符串变量。在 Java 语言中支持字符串的加运算，其实就是运用了 StringBuffer 类。

为了对一个可变的字符串对象进行初始化,StringBuffer 类提供了如下集中构造方法:

StringBuffer():建立一个空的字符串对象。

StringBuffer(int len):建立长度为 len 的字符串对象。

StringBuffer(String str):根据一个已经存在的字符串常量 str 来创建一个新的 StringBuffer 对象,该 StringBuffer 对象的内容和已经存在的字符串常量 str 相一致。

注意:在第一个构造方法中,由此创建的字符串对象没有相应的内存单元,需要扩充之后才能使用。

例如:

StringBuffer strBuff1=new StringBuffer();

StringBuffer strBuff2=new StringBuffer(10);

StringBuffer strBuff3=new StringBuffer("Hello Java");

在默认的构造中(即不给任何参数),系统自动为字符串分配 16 个字符大小的缓冲区,若有参数 len,则指明字符串缓冲区的初始长度;若参数 str 给出了特定字符串的初始值,除了它本身的大小之外,系统还要再为该串分配 16 个字符串大小的空间。

StringBuffer 类字符串的基本操作:

(1)重载方法 public StringBuffer append()可以为该 StringBuffer 对象添加字符序列,返回添加后的该 StringBuffer 对象引用,例如:

public StringBuffer append(String str)

public StringBuffer append(StringBuffer sbuf)

public StringBuffer append(char[] str,int offset,int len)

public StringBuffer append(double d)

public StringBuffer append(Object obj)

(2)重载方法 public StringBuffer insert( )可以为该 StringBuffer 对象在指定位置插入字符序列,返回修改后的 StringBuffer 对象引用,例如:

public StringBuffer insert(int offset,String str)

public StringBuffer insert(int offset,double d)

(3)方法 public StringBuffer delete(int start,int end)可以删除从 start 开始到 end－1 为止的一段字符串序列,返回修改后的该 StringBuffer 对象引用。

(4)方法 public int indexof( )可得到特定字符串在当前字符串中第一次出现的位置序号。

public int indexOf(String str)

public int indexOf(String str,int fromIndex)

(5)Public String substring( )方法用于截取子串。

public String subString(int start)

public String subString(int start,int end)

public int length()

(6)方法 public StringBuffer reverse()用于将字符序列逆序,返回修改后的该 StringBuffer 对象引用。

例 5.14:

public class Example5.13{

```java
    public static void main(String args[]) {
        String s = "Microsoft";
        char[] a = {'a','b','c'};
        StringBuffer sb1 = new StringBuffer(s);
        sb1.append('/').append("IBM").append('/').append("Sun");
        System.out.println(sb1);
        StringBuffer sb2 = new StringBuffer("数字");
        for(int i=0;i<=9;i++){
            sb2.append(i);
        }
        System.out.println(sb2);
        sb2.delete(8,sb2.lenght()).insert(0.a);
        System.out.println(sb2);
        System.out.println(sb2.reverse());
    }
}
```

本章小结

- 一维数组的定义和使用；
- 二维数组的定义和使用；
- 数组常用方法的使用；
- String 类字符串的定义及其基本操作；
- StringBuffer 类字符串的定义及其基本操作。

习 题

一、选择题

1．给出下面程序代码：
byte[] a1, a2[];
byte a3[][];
byte[][] a4;
下列数组操作语句中哪一个是不正确的？（　　）
A．a2 = a1　　　　B．a2 = a3　　　　C．a2 = a4　　　　D．a3 = a4

2．关于数组，下列说法中不正确的是（　　）。
A．数组是最简单的复合数据类型，是一系列数据的集合

B．数组元素可以是基本数据类型、对象或其他数组
C．定义数组时必须分配内存
D．一个数组中所有元素都必须具有相同的数据类型

3．设有下列数组定义语句：
int a[] = {1, 2, 3};
则对此语句的叙述错误的是（　　）。
A．定义了一个名为 a 的一维数组　　　　B．a 数组有 3 个元素
C．a 数组元素的下标为 1～3　　　　　　D．数组中每个元素的类型都是整数

4．执行语句：int[] x = new int[20];后，下面哪个说法是正确的？（　　）
A．x[19]为空　　　B．x[19]未定义　　　C．x[19]为 0　　　D．x[0]为空

5．下面代码运行后的输出结果为（　　）。
```
public class X6_1_5 {
        public static void main(String[] args) {
                AB aa = new AB();
                AB bb;
                bb = aa;
                System.out.println(bb.equals(aa));
        }
}
```
A．true　　　　　B．false　　　　　C．编译错误　　　　　D．100

6．已知有定义：String s="I love"，下面哪个表达式正确的是？（　　）
A．s += "you";　　　　　　　　　　　B．char c = s[1];
C．int len = s.length;　　　　　　　　D．String s = s.toLowerCase();

二、填空题

1．_____是所有类的直接或间接父类，它在_____包中。

2．System 类是一个功能强大、非常有用的特殊的类，它提供了_____、_____系统信息等重要工具。这个类不能_____，即不能创建 System 类的对象，所以它所有的属性和方法都是_____类型，引用时以类名_____为前缀即可。

3．Applet 由浏览器自动调用的主要方法_____，_____，_____和_____分别对应了 Applet 从初始化、启动、暂停到消亡的生命周期的各个阶段。

4．数组是一种_____数据类型，在 Java 中，数组是作为_____来处理的。数组是有限元素的有序集合，数组中的元素具有相同的_____，并可用统一的_____和_____来唯一确定其元素。

5．在数组定义语句中，如果[]在数据类型和变量名之间时，[]之后定义的所有变量都是_____类型，当[]在变量名之后时，只有[]之前的变量是_____类型，之后没有[]的则不是数组类型。

6．数组初始化包括_____初始化和_____初始化两种方式。

7．利用_____类中的_____方法可以实现数组元素的复制；利用

_____类中的_____和_____方法可以实现对数组元素的排序、查找等操作。

8. Java语言提供了两种具有不同操作方式的字符串类：_____类和_____类。它们都是_____的子类。

三、编程题

1. 有一个数列，它的第一项为 0，第二项为 1，以后每一项都是它的前两项之和，试产生该数列的前 20 项，并按逆序显示出来。

编程分析：本例由于涉及 20 项数据的存储，因此可以利用数组来实现。由于数列的各项之间存在一定的关系，可以利用前两项来计算后面项。

2. 首先让计算机随机产生出 10 个两位正整数，然后按照从小到大的次序显示出来。

编程分析：首先利用 Math.random() 方法，让计算机随机产生 10 个两位数的正整数，然后编写一个排序方法，实现对数组的排序。（也可以利用 Java.utitl.Arrays 类提供的排序方法排序）

3. 从键盘上输入 4 行 4 列的一个实数矩阵到一个二维数组中，然后求出主对角线上元素之乘积以及副对角线上元素之乘积。

4. 已知一个数值矩阵 A 为 $\begin{bmatrix} 3 & 0 & 4 & 5 \\ 6 & 2 & 1 & 7 \\ 4 & 1 & 5 & 8 \end{bmatrix}$，另一个矩阵 B 为 $\begin{bmatrix} 1 & 4 & 0 & 3 \\ 2 & 5 & 1 & 6 \\ 0 & 7 & 4 & 4 \\ 9 & 3 & 6 & 0 \end{bmatrix}$，求出 A 与 B 的乘积矩阵 C[3][4] 并输出来，其中，C 中的每个元素 C[i][j] 等于 $\sum A[i][k]*B[k][j]$。

编程分析：本例主要考察二维数组及其静态初始化的方法，以及如何利用二维数组实现矩阵的乘积。主要步骤如下：

第一步：定义三个二维数组 A、B、C，其中 A、B 为题目中给的数组，在定义的同时进行静态初始化，C 数组为 A、B 的乘积，其行数为 A 矩阵的行数、列数为 B 矩阵的列数。

第二步：利用公式 C[i][j]=$\sum A[i][k]*B[k][j]$ 求数组 C。

5. 从键盘上输入一个字符串，试分别统计出该字符串中所有数字、大写英文字母、小写英文字母以及其他字符的个数并分别输出这些字符。

编程分析：本题主要考察字符串的输入及字符串方法的应用。

第一步：建立输入流对象，实现从键盘输入字符串。

第二步：利用循环语句及字符串类中的方法 charAt()，对输入字符串中的每个字符进行判断，并统计出各类字符的个数。

6. 从键盘上输入一个字符串，利用字符串类提供的方法将大写字母转变为小写字母，小写字母转变为大写字母，再将前后字符对换，然后输出最后结果。

编程分析：本题主要考察 StringBuffer 类及其方法的应用。

第一步：创建输入流对象。

第二步：创建 StringBuffer 类对象。

第三步：利用 StringBuffer 类中的方法，实现将大写字母转变为小写字母，小写字母转变为大写字母，以及将前后字符对换操作。

7. 从命令行读入一些列随机数，使用排序算法对随机数排序（选择排序、冒泡、插入……）。

8. 编写程序，对本章内容中 Date 数据类型排序。Date 类型大小规则：year 属性大，则 Date 对象大；year 相等，则比较 month 属性，month 相等，则比较 day 属性。最终判断对象大小。

9. 编写一个程序，输出一个字符串中的大写英文字母，小写英文字母以及非英文字母数。

10. 编写一个方法，输出一个字符串中指定字符串出现的次数。

11. 编写一个方法，返回一个 double 型二维数组，数组中的元素通过解析字符串参数获得。如字符串参数："1,2;3,4,5;6,7,8" 对应的数组为：

D[0,0] = 1.0 D[0,1] = 2.0 D[0,2]=0
D[1,0] = 3.0 D[1,1] = 4.0 D[1,2] = 5.0
D[2,0] = 6.0 D[2,1] = 7.0 D[2,2] = 8.0

第6章 异 常

6.1 异常的概念

Java 异常是 Java 提供的用于处理程序中错误的一种机制。

所谓错误是指在程序运行的过程中发生的一些异常事件（如：除 0，数组下标越界，所要读取的文件不存在）。设计良好的程序应该在异常发生的时候提供处理这些错误的方法，使得程序不会因为异常的发生而阻断或者产生不可预见的结果。

Java 程序的执行过程中如出现异常事件，可以生成一个异常类对象，该异常对象封装了异常事件的信息并将其提交给 Java 运行时系统，这个过程称为抛出（throw）异常。

当 Java 运行时系统接收到异常对象时，会寻找能处理这一异常的代码并把当前异常对象交给其处理，这个过程称为捕获（catch）异常。

例：Java 系统对除数为 0 异常的处理。

int a = 0;

System.out.println(8/a);   //除数为 0

程序运行时产生下列错误信息：

Exception in thread"main"Java.lang.ArithmeticException;/by zero At Exception Demo1.main(TestException.Java:4)

错误的原因在于用 0 除。由于程序中未对异常进行处理，因此，Java 发现这个错误之后，由系统抛出 ArithmeticException 这个类的异常，用来表明错误的原因，并终止程序运行。

例：Java 系统对数组下标越界异常的处理。

int[]arr = new int[5];

arr[5]=10;   //数组下标越界

System.out.println("Exception Demo");

程序运行时产生下列错误信息：

Exception in thread "main"Java.lang.ArrayIndexOutOfBoundsException;5

at ExceptionDemo2.main(TestException.Java:4)

错误的原因在于数组的下标超出了最大容许的范围。Java 发现这个错误之后，由系统抛出"ArrayIndexOutOfBoundsException"这个种类的异常对象，用来表明出错的原因，并终止程序的执行。如果把这个长串的英文按单词拆开，变为"Array Index Out Of Bounds Exception"，正是"数组的下标值超出范围的异常"之意，其他依次类推。

6.2 异常分类

Java 的异常结构如图 6.1 所示。

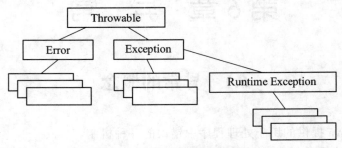

图 6.1 Java 的异常结构如

在 Java 中，将异常情况分为 Exception（异常）和 Error（错误）两大类。

Error 类处理较少发生的内部系统错误。这种情况程序员是无能为力的，发生时由用户按系统提示关闭程序。Exception 类解决由程序本身及应用环境所产生的异常，可在应用程序中捕获并进行相应处理。

Exception 一般分为 Checked 异常和 Runtime 异常，所有 RuntimeException 类及其子类的实例被称为 Runtime 异常，不属于该范畴的异常则被称为 CheckedException。

1. Checked 异常

只有 Java 语言提供了 Checked 异常，Java 认为 Checked 异常都是可以被处理的异常，所以 Java 程序必须显示处理 Checked 异常。如果程序没有处理 Checked 异常，该程序在编译时就会发生错误无法编译。这体现了 Java 的设计哲学：没有完善错误处理的代码根本没有机会被执行。对 Checked 异常处理方法有两种：

（1）当前方法知道如何处理该异常，则用 try.catch 块来处理该异常。

（2）当前方法不知道如何处理，则在定义该方法是声明抛出该异常。

2. RuntimeException

Runtime 异常如除数是 0 和数组下标越界等，其产生频繁，处理麻烦，若显示声明或者捕获将会对程序的可读性和运行效率影响很大。所以由系统自动检测并将它们交给缺省的异常处理程序。当然如果你有处理要求也可以显示捕获它们。

我们比较熟悉的 RumtimeException 类的子类有：

Java.lang.ArithmeticException

Java.lang.ArrayStoreExcetpion

Java.lang.ClassCastException

Java.lang.IndexOutOfBoundsException

Java.lang.NullPointerException

6.3 异常捕获和处理

程序在运行过程中产生异常，会中断程序的正常执行。异常处理使得程序能够捕获错误并进行错误处理，而不是放任错误的产生并接受这个错误的结果。Java 异常处理能够捕获程序中出现的所有异常，这里说的"所有异常"是指某种类型的所有异常或相关类型的所有异常。这种灵活性使得程序更加健壮，减少了程序运行时不能进行错误处理的可能性。

  Java 语言的异常处理机制：首先将各种错误对应地划分成若干个异常类，它们都是 Exception 类的子类。在执行某个 Java 程序的过程中，运行时系统随时对其进行监控，若出现了不正常的情况，就会生成一个异常对象，并且会传递给运行时系统。这个产生和提交异常的过程称为抛出异常。每个异常对象对应一个异常类，它既可能由执行的方法生成，也可能由 Java 虚拟机生成，其中包含异常的类型以及异常发生时程序的运行状态等信息。当 Java 运行时系统得到一个异常对象时，它会寻找处理这一异常的代码。寻找的过程从生成异常对象的代码开始，沿着方法的调用栈逐层回溯，直到找到一个方法能够处理这种类型的异常为止。然后运行时系统把当前异常对象交给这个方法进行处理。这一过程称为捕获异常。处理异常的代码可以是当前运行的源程序中由程序员自编的一段程序，通常是一个方法，执行后使程序正常结束，也可以跳出该程序寻找。当 Java 运行时系统找不到适当的处理方法时，即终止程序运行。

  Java 的异常处理机制就是由抛出异常和捕获异常两部分组成，并通过 try、catch、finally、throw、throws 这 5 个关键字完成，减轻了编程人员的负担，减少了运行时系统的负担，使程序能够较安全地运行。

```
try {
    可能抛出异常的语句
} catch(SomeException1 e){
    ……
} catch(SomeException2 e){
    …….
} finally {
    ……
}
```

1. try 语句

  try{}语句指定了一段代码，该段代码就是一次捕获并处理异常的范围。在执行过程中，该段代码可能会产生并抛出一种或几种类型的异常对象，它后面的 catch 语句要分别对这些异常做相应的处理。如果没有异常产生，所有的 catch 代码段都被略过不执行。

2. catch 语句

  在 catch 语句块中是对异常进行处理的代码，每个 try 语句块可以伴随一个或多个 catch 语句，用于处理可能产生的不同类型的异常对象。

在 catch 中声明的异常对象[catch (someException e)]封装了异常事件发生的信息,在 catch 语句块中可以使用这个对象的一些方法获取这些信息。

例如:

getMessage()方法,用来得到有关异常事件的信息。

printStackTrace() 方法,用来跟踪异常事件发生时执行堆栈的内容。

3. finally 语句

finally 语句为异常处理提供一个统一的出口,使得在控制流程转到程序的其他部分以前,能够对程序的状态作统一管理。无论 try 所指定的程序块中是否抛出异常,finally 所指定的代码都被执行。

通常在 finally 语句中可以进行资源的清除工作,如:

关闭打开的文件

删除临时文件

……

异常处理流程如图 6.2 所示。

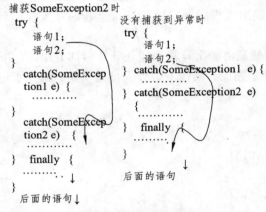

图 6.2 异常处理流程

说明:

(1) try 代码段包括可能产生异常的代码。

(2) try 代码段后面跟一个或多个 catch 代码段。

(3) 每个 catch 代码段声明其能处理的一种特定类型的异常并且提供处理方法。

(4) 当异常发生时,程序会中止当前的流程,根据获取异常的类型去执行相应的 catch 代码。

(5) finally 段代码无论是否发生异常都要执行。

例 6.1

```
public class Example6.1{
    public static void main(Sting[] args) {
        FileInputStream in = null;
        try {
```

```
            in = new FileInputStream("myfile.txt");
            int b;
            b = in.read();
            while(b!=—1) {
                System.out.println((char) b);
                b = in.read();
            }
        } catch(IOException e) {
            System.out.println(e.getMessage());
        }finally {
            ……
        }
    }
}
```

该例中 FileInputStream 的 read 方法和构造方法都可能抛出异常。因此，调用方法语句写到 try 语句块中。同时，在 catch 语句块中捕获相关异常类对象。

Java 异常处理机制使得异常事件沿着被调用的顺序往前寻找，直到找到符合该异常种类的异常处理程序。该过程如图 6.3 所示。

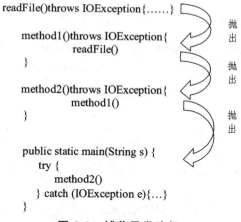

图 6.3 捕获异常路径

在 try 语句中，基类异常的捕获不能写在子类异常捕获的前面，否则编译器报错。

例 6.2
```
public class Example6.2{
    public static void main(String[] args) {
        String[][] s = new String[5][];
        try {
            s[1][0] = "hello"; s[1][1] = "你好";
        } catch(NullPointerException e) {
```

```
                System.out.println("数组元素没有正确实例化");
         }
         try {
                s[5] = new String[3]; s[5][1] = "hello";
         } catch(Exception e2) {
                System.out.println("数组下标越界");
         } catch(ArrayIndexoutofBoundsException e1) {
                System.out.println("有异常发生了");
         }
}
```

该例中，Exception 是 ArrayIndexoutofBoundsException 的父类，先捕获父类异常，导致编译错误。

6.4 自定义异常

Java 语言允许用户定义自己的异常类，从而实现用户自己的异常处理机制，使用异常处理使得自己的程序足够健壮。定义自己的异常类要继承 Throwable 类或其子类，通常是继承 Exception 类。

例 6.3
```
class MyException extends Exception{        // MyException 是自定义异常，需继承
                                            //Exception 类
    …
    …
}
public class Example6.3{
    public void regist(int num) throws MyException {
        if(num < 0) {
            throw   new   MyException("人数为负值，不合理", 3);
        }
        System.out.println("登记人数" + num);
    }
    public void manager() {
        try{
            regist(100);
        }catch(MyException e) {
            System.out.println("登记失败，出错类型码=" + e.getId());
            e.printStackTrace();
        }
```

}

注：一个方法必须说明它可能抛出的所有显示异常，这是 Java 异常的说明规范。如果某个类声明抛出某个特殊类的异常，例如，它可能抛出该类或者该类子类的异常，如果子类的方法覆盖父类的方法，则子类的同名方法不能比父类的方法抛出更多的显示异常。特别是父类方法不抛出异常时，子类的方法也不允许抛出异常。

本章小结

异常处理分离了错误处理代码和常规代码，增强了程序的可读性和可维护性。本章介绍了 Java 程序中异常处理的基本概念、异常处理的类层次和异常处理机制，并说明了如何进行异常处理。本章的重点是理解异常处理机制、掌握异常处理的方法以及常见的异常。

习 题

一、选择题

1. Java 中用来抛出异常的关键字是（　　）
   A. try   B. catch   C. throw   D. finally

2. 关于异常，下列说法正确的是（　　）
   A. 异常是一种对象
   B. 一旦程序运行，异常将被创建
   C. 为了保证程序运行速度，要尽量避免异常控制
   D. 以上说法都不对

3. （　　）类是所有异常类的父类。
   A. Throwable   B. Error   C. Exception   D. AWTError

4. Java 语言中，下列哪一子句是异常处理的出口（　　）。
   A. try{…}子句   B. catch{…}子句
   C. finally{…}子句   D. 以上说法都不对

5. 下列程序的执行，说法错误的是（　　）。
```
public class MultiCatch {
    public static void main(String args[]) {
        try {
            int a=args.length;
            int b=42/a;
            int c[]={1};
            c[42]=99;
            System.out.println("b="+b);
```

```
        } catch(ArithmeticException e) {
            System.out.println("除 0 异常："+e);
        } catch(ArrayIndexOutOfBoundsException e) {
            System.out.println("数组超越边界异常："+e);
        }
    }
}
```

A．程序将输出第 15 行的异常信息
B．程序第 10 行出错
C．程序将输出"b=42"
D．程序将输出第 15 和 19 行的异常信息

6. 下列程序的执行，说法正确的是（　　）。

```
class ExMulti{
    static void procedure(){
        try {
            int c[]={1};
            c[42]=99;
        } catch(ArrayIndexOutOfBoundsException e) {
            System.out.println("数组超越界限异常："+e);
        }
    }
    public static void main(String args[]) {
        try {
        procedure();
            int a=args.length;
            int b=42/a;
            System.out.println("b="+b);
        } catch(ArithmeticException e) {
            System.out.println("除 0 异常:"+e);
        }
    }
}
```

A．程序只输出第 12 行的异常信息
B．程序只输出第 26 行的异常信息
C．程序将不输出异常信息
D．程序将输出第 12 行和第 26 行的异常信息

7. 对于 catch 子句的排列，下列哪种是正确的（　　）
A．父类在先，子类在后
B．子类在先，父类在后

C．有继承关系的异常不能在同一个 try 程序段内

D．先有子类，其他如何排列都无关

8．在异常处理中，如释放资源、关闭文件、关闭数据库等由（　　）来完成。

A．try 子句　　　　　　　　　B．catch 子句

C．finally 子句　　　　　　　D．throw 子句

9．哪个关键字可以抛出异常？（　　）

A．transient　　　B．finally　　　C．throw　　　D．static

10．一个异常将终止（　　）。

A．整个程序　　　　　　　　　B．另终止抛出异常的方法

C．产生异常的 try 块　　　　 D．以上面的说法都不对

二、编程题

1．从命令行得到 5 个整数，放入一整型数组，然后打印输出。要求：如果输入数据不为整数，要捕获 Integer.parseInt()产生的异常，显示"请输入整数"，捕获输入参数不足 5 个的异常（数组越界），显示"请输入至少 5 个整数"。

2．写一个方法 void sanjiao(int a,int b,int c)，判断三个参数是否能构成一个三角形，如果不能则抛出异常 IllegalArgumentException，显示异常信息"a, b, c 不能构成三角形"，如果可以构成则显示三角形 3 个边长。在主方法中得到命令行输入的 3 个整数，调用此方法，并捕获异常。

3．自定义类 Sanj，其中有成员 x, y, z，作为 3 边边长，构造方法 Sanj(a,b,c)分别给 x, y, z 赋值，方法包含求面积 getArea 和显示三角形信息（3 个边长）showInfo，这 2 个方法中当 3 条边不能构成一个三角形时要抛出自定义异常 NotSanjiaoException，否则显示正确信息。在另外一个类中的主方法中构造一个 Sanj 对象（3 边为命令行输入的 3 个整数），显示三角形信息和面积，要求捕获异常。

第7章 容 器

集合表示一组对象,这些对象也称为集合的元素。在 Java2 中有很多与集合有关的接口和类,它们被组织在 Collection 接口的层次结构中,如图 7.1 所示。

Collection:存放独立元素的序列。

Map:存放 key-value 型的元素对(这对于一些需要利用 key 查找 value 的程序十分的重要!)。

从类体系图中可以看出,Collection 定义了 Collection 类型数据的最基本、最共性的功能接口,而 List 对该接口进行了拓展。

其中各个类的适用场景有很大的差别,在使用时,应该根据需要灵活的进行选择。此处介绍最为常用的容器。

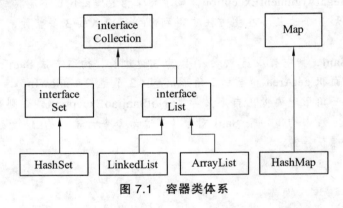

图 7.1 容器类体系

7.1 Collection 接口

Collection 接口定义了存取一组对象的方法,其子接口 Set 和 List 分别定义了存储方式。

int size():返回此集合中的元素数。如果此集合中包含多个 Integer.MAX_VALUE 元素,则返回 Integer.MAX_VALUE。

Boolean isEmpty():如果此集合中不包含指定元素,则返回 true。

boolean contains(Object obj):如果此集合中包含指定元素。则返回 true。

boolean containsAll(Collection c):如果此集合中包含指定参数集合中的所有元素,则返回 true。

Object[] toArray():返回包含此 collection 中所有元素的数组。

boolean add(E obj):将给定的参数对象增加到集合对象中,返回 true。如果此集合不允许有重复元素,并且已经包含了指定元素,则返回 false。

boolean addAll(Collection c):将指定集合中的所有元素都添加到此接受的集合中。

boolean remove(Object obj):从此集合中移除指定元素,如果此集合包含了一个或多个元素,则移除所有这样的元素,返回 true。

removeAll(Collection c):移除此集合中那些也包含在指定参数集合中的所有元素。

boolean retainAll(Collection c):仅保留此集合中那些也包含在指定参数集合中的元素。换句话说,移除此集合中未包含在指定参数中的所有元素。

void clear():移除此集合中的所有元素。此方法返回后,除非抛出一个异常,否则集合将为空。

例 7.1
```
class Name{
    String fristName;
    String lastName;
    Name(String firstName,String lastName){
      this.firstName = firstName;
      this.lastName = lastName;
    }
    public String toString(){
      return firstName + " " + lastName
    }
}
public class Example7.1{
  public static void main(String[] args){
      Collection c = new ArrayList();
      c.add("hello");
      c.add(new Name("f1","l1"));
      c.add(new Integer(100));
      System.out.println(c.size());
      System.out.println(c);
  }
}
```
输出结果:

3

[hello,f1 l1,100]

容器类对象在调用 remove、contains 等方法时需要比较对象是否相等,会调用 equals 方法和 hashCode 方法,对于自定义类型,需要重写 equals 和 hashCode 方法以实现自定义的对象相等规则(相等的对象应该具有相等的 hashCodes)。

例 7.2

public class Example7.2 {

```java
    public static void main(String[] args){
        Collection c = new HashSet();
        c.add("hello");
        c.add(new Name("f1","l1"));
        c.add(new Integer(100));
        c.remove("hello");
        c.remove(new Integer(100));
        System.out.println(c.remove(new Name("f1","l1")));
        System.out.println(c);
    }
}
```

输出结果:

false

[f1 l1]

该例无法 remove 的原因是: Name 类没有重写 equals()和 hashCode(), 编译系统认为两个对象不相等。

将 Name 类代码调整为:

例 7.3

```java
public boolean equals(Object obj){
    if(obj instanceof Name){
        Name name = (Name)obj;
        return (firstName.equals(name.firstName)) &&
            (lastName.equals(name.lastName));
    }
    return super.equals(obj);
}
public int hashCode(){
    return firstName.hashCode();
}
public class Example7.3{
    public static void main(String[] args){
        Collection c = new LinkedList();
        c.add(new Name("f1","l1"));
        c.add(new Name("f2","l2"));
        System.out.println(c.contains(new Name("f2","l2")));
        c.remove(new Name("f1","l1"));
        System.out.println(c);
    }
}
```

输出结果：
true
[f2 l2]

equals 方法说明了两个 Name 对象的 firstName 和 lastName 相等（String 类型已重写 equals 方法），则认为对象相等（equals 返回 true）。重写 HashCode 使得相同的 equals 一定具有相同的 hashCode 值，因此，程序能够 remove 掉元素 new Name("f2", "l2")。

7.2　Iterator 接口

所有实现了 Collection 接口的容器类都有一个 iterator 方法用以返回一个实现了 Iterator 接口的对象。

Iterator 对象称作迭代器，用以方便地实现对容器内元素的遍历操作。Iterator 接口定义了如下的方法：

boolean hasNext()；　　//判定游标右边是否有元素
Object next();　　//返回游标右边的元素并将游标指向下一个元素
void remove();　　//删除游标左面的元素

Iterator 可形象理解为如图 7.2 所示。

图 7.2　迭代器

例 7.4

```
public class Example7.4{
    public static void main(String[] args) {
        Collection c = new HashSet();
        c.add(new Name("f1", "l1"));
        c.add(new Name("f2", "l2"));
        c.add(new  Name("f3", "l3"));
        Iterator i = c.iterator();
        while(i.hasNext() {
                Name n = (Name)i.next();    //强制转型
                System.out.println(n);
        }
    }
}
```

由于迭代器将任何对象当成 Object 返回，因此需要将对象强制转型还原成本来的类型。

Iterator 对象的 remove 方法是在迭代过程中删除元素唯一的安全的方法。

例 7.5
```java
public class Example7.5{
    public static void main(String[] args){
        Collection    c = new HashSet();
        c.add(new Name("fff1","lll1"));
        c.add(new Name("f2","l2"));
        c.add(new Name("fff3","lll3"));
        for(Iterator i = c.iterator();i.hasNext();) {
       Name name = (Name)i.next();
       if(name.getFirstName().length()<3) {
            i.remove();       //如果换成 c.remove()会产生异常
         }
        }
       System.out.println(c);
    }
}
```

7.3　增强的 for 循环

for(类型 变量名:数组对象/容器对象){ };
将数组或容器对象中的每个元素赋值到变量名的引用中,从而实现遍历集合元素的功能。

例 7.6
```java
int[] numArray = {1,2,3,4,5,6};
for(int i:numArray){
   System.out.print(i);
}
```
输出结果：123456
等价于
```java
int[] numArray = {1,2,3,4,5,6};
for(int i=0;i<numArray.length;i++) {
   System.out.print(numArray[i]);
}
```
例 7.7
```java
List<Integer> intList = new ArrayList<Integer>();    // "<>"是泛型符号,
                                                     //下节将介绍

for(Integer i:intList) {
```

```
        System.out.print(i);    // 可以打印出 intList 中的所有元素
    }
```
增强 for 循环的缺陷：
（1）不能方便地访问下标的值。
（2）不能方便的删除集合中的元素。
所以，除了简单遍历并读出其中的的内容，其他情况不建议使用。

7.4　Set 接口

Set 接口是 Collection 的子接口，Set 接口没有提供额外的方法，但实现了 Set 接口的容器类中的元素是没有顺序的，而且不可以重复。Set 容器可以与数学中的"集合"的概念相对应。

1. HashSet 类

Set 类不允许其中存在重复的元素（集），无法添加一个重复的元素（Set 中已经存在）。HashSet 利用 Hash 函数进行了查询效率上的优化，其 contain()方法经常被使用，以用于判断相关元素是否已经被添加过。

例 7.8
```java
public class Example7.8{
    public static void main(String[ ] args) {
        Set    s = new HashSet();
        s.add("Hello");
        s.add("word");
        s.add(new Name("f1","f2"));
        s.add(new Integer(100));
        s.add(new Name("f1","f2")); //相同元素不会被加入(通过 equals 方法比较相同与否)
        s.add("Hello");              //相同元素不会被加入
        System.out.println(s);
    }
}
```
输出结果：[100, Hello , world, f1 f2]

例 7.9
```java
public class Example7.7{
    public static void main(String[] args) {
        Set s1 = new HashSet();
        Set    s2 = new HashSet();
        s1.add("a"); s1.add("b"); s1.add("c");
        s2.add("d"); s2.add("a"); s2.add("b");
```

```
        Set sn = new HashSet(s1);
        sn.retainAll(s2);
        Set su = new HashSetn(s1);
        su.addAll(s2);
        System.out.println(sn);
        System.out.println(su);
    }
}
```
输出结果：
[a, b]
[b,a,c,d]

7.5 List 接口

List 接口是 Collection 的子接口，实现 List 接口的容器类中的元素是有顺序的，而且可以重复。List 容器中的元素都有一个整数型的序号记载其在容器中的位置，可以根据序号提取容器中的元素。

J2se 所提供的 List 容器类有 ArrayList、LinkedList 类，包含方法如下：
Object get(int index);
Object set(int index, Object element);
void add(int index,Object element);
Object remove(int index);
int indexOf(Object o);
int lastIndexOf(Object o);

ArrayList 类重写了 toString 方法，返回内容：按目标容器迭代器的迭代顺序，列出容器元素字符串序列（容器元素对象的 toString 方法返回值）。

LinkedList 数据结构采用的是链表，此种结构的优势是删除和添加的效率很高，但随机访问元素时效率较 ArrayList 类低。

例 7.10
```
public class Example7.8{
    public static void main(String[] args){
        List l1 = new LinkedList();
        for(int i=0;i<=5;i++){
        l1.add("a" + i);
        }
        System.out.println(l1);
        l1.add(3,"a100");
        System.out.println(l1);
```

```
        l1.set(6,"a200");
        System.out.println(l1);
        System.out.print((String)l1.get(2) + " ");
        System.out.println(l1.indexOf("a3"));
        l1.remove(1);
        System.out.println(l1);
    }
}
```
输出结果：
[a0,a1,a2,a3,a4,a5]
[a0,a1,a2,a100,a3,a4,a5]
[a0,a1,a2,a100,a3,a4,a200]
a2 4
[a0,a2,a100,a3,a4,a200]

Collections 类提供了一些静态的方法，实现是基于 List 容器的一些常用算法。
void sort(List)　　对 List 容器内的元素排序。
void shuffle(List)　　对 List 容器内的对象进行随机排序。
void reverse(List)　　对 List 容器的对象进行逆序排序。
void fill(List,object)　　用一个特定的对象重写整个 List 容器。
void copy(List dest,List src)　将 src List 容器内容拷贝到 dest List 容器中。
int binarySearch(List,Object) 对于顺序的 List 容器，采用折半查找的方法查找特定对象。

7.6　Comparable 接口

Collections 类提供的相关算法中涉及元素比较大小的问题。所有可以"排序"的类都必须实现 Java.lang.Comparable 接口，从而定义对象大小的判别方法。Comparable 接口中只有一个方法：

public int comparaTo(Object obj);

返回 0 表示 this ==obj；
返回正数表示 this > obj；
返回负数表示 this < obj。

实现了 Comparable 接口的类通过实现 comparaTo 方法从而确定该类对象的排序方式。
前面案例中的 Name 类若要实现排序，代码调整如下：

例 7.11

```
class Name implements Comparable{
    public int compareTo(Object o){
        Name n = (Name)o;
        int lastCmp = lastName.compareTo(n.lastName);
```

```
        return (lastCmp!=0?lastCmp:firstName.compareTo(n.firstName));
    }
}
public class Example7.11{
    public static void main(String[ ] args){
        List l1 = new LinkedList();
        l1.add(new Name("Karl","M"));
        l1.add(new Name("Steven","Lee"));
        l1.add(new Name("Joho","O"));
        l1.add(new Name("Tom","M"));
        System.out.println(l1);
        Collections.sort(l1);
        System.out.println(l1);
    }
}
```
输出结果：
[Karl M,Steven Lee, John O, Tom M]
[Steven Lee,Karl M,Tom M,John O]

7.7 Map 接口

Map 接口定义了存储键-值对的方法。Map 类中存储的键-值对通过键来表示，所以键的值不能重复。

常用方法：

Object put(Object key,Object value);
Object get(Object Key);
Object remove(Object key);
Boolean containsKey(Object key);
Boolean containsvalue(Object value);
Int size();
Boolean isEmpty();
void putAll(Map t);
void clear();

例 7.12

```
Public class Example7.12{
    public static void main(String[] args){
        Map m1 = new HashMap(); Map m2 = new TreeMap();
        m1.put("one",new Integer(1));
```

```
        m1.put("two",new Integer(2));
        m1.put("three",new Integer(3));
        m2.put("A",new Integer(1));
        m2.put("B",new Integer(2));
        System.out.println(m1.size());         //3
        System.out.println(m1.containsKey("one"));     //true
        System.out.println(m2.containsValue(new Integer(1)));   //true
        if(m1.containsKey("two")){
      int i = ((Integer)m1.get("two")).intValue();
      System.out.println(i);   //2
        }
        Map m3 = new HashMap(m1);
        m3.putAll(m2);
        System.out.println(m3);
   }
}
```

注：编译器会在合适的时机对基础类型与包装类之间进行自动打包、解包，自动将基础类型转换为对象或自动将对象转换为基础类型。Example7.12 案例代码 " int i = ((Integer)m1.get("two")).intValue();" 是正式自动解包的典型案例。

7.8 泛 型

从前面的案例中，我们容易发现装入集合的类型都被当作 Object 对待，从而失去了自己的实际类型。从集合中取出时往往需要转型，效率低，容易产生错误。

在 JDK1.5 之后，编译器允许在定义集合的时候同时定义集合中对象的类型，即泛型。增强了程序的可读性和稳定性。

例 7.13

```
import Java.util.*;
public class Example7.11 {
    public static void main(String[] args) {
      List<String> c = new ArrayList<String>();
      c.add("aaa");
      c.add("bbb");
      c.add("ccc");
      for(int i=0; i<c.size(); i++) {
            String s = c.get(i);
            System.out.println(s);
      }
```

```
        Collection<String> c2 = new HashSet<String>();
        c2.add("aaa"); c2.add("bbb"); c2.add("ccc");
        for(Iterator<String> it = c2.iterator(); it.hasNext(); ) {
            String s = it.next();
            System.out.println(s);
        }
    }
}
class MyName implements Comparable<MyName> {
    int age;
    public int compareTo(MyName mn) {
      if(this.age > mn.age) return 1;
      else if(this.age < mn.age) return －1;
      else return 0;
    }
}
```

本章小结

- Collection 接口；
- Iterator 接口；
- 增强的 for 循环；
- Set 接口；
- List 接口和 Comparable 接口；
- Collections 类；
- Map 接口。
- 自动打包/解包；
- 泛型。

习 题

编程题

1. 随机输入字符序列，统计不同字符出现的次数。如：输入字符串"abcddd4acdh"，程序输出 a=2, b=1, c=2, d=4, 4=1, h=1。

2. 使用容器模拟枪射击。

（1）定义子弹类 bullet，属性有：编号，型号；默认构造方法，设编号1，型号为"M54"；带参数构造方法：设定编号和型号。方法1：取得编号；方法2：取得型号；方法3：显示子弹的编号和型号；型号-编号。

（2）定义枪类 Gun，属性有：编号，型号，弹夹，装弹数量；默认构造函数：创建编号为1，型号为"M54"，装弹数量6；带参数构造方法：与属性相同的参数，设定属性（编号，型号，数量的值）；装弹方法：将一个子弹对象装入弹夹，如果弹夹已满，抛出子弹满异常；射击方法：返回一个子弹对象，减少弹夹的一颗子弹，如果弹夹空，则抛出空异常；显示弹夹内子弹列表信息方法：显示弹夹内的子弹信息（编号-型号）；取得当前弹夹子弹数量的方法。

（3）编写 main 函数测试类，模拟枪的装弹和设计功能。

第 8 章 I/O

8.1 输入/输出流概述

许多程序都需要与外界进行信息交换，比如从键盘读取数据、从文件中读取数据或写数据、将数据输出到答应机以及在一个网络连接上进行数据读/写操作等。Java 语言提供特有的输入/输出的功能，即以流（Stream）的方式来处理输入/输出数据。

所谓的"数据流"指的是所有数据通信通道中数据的起点和终点。例如，从键盘读取数据到程序中，这样就形成了一个数据通道，数据的源（起点）就是键盘，数据的终点就是正在执行的程序，而在通道中流动的就是程序所需要的数据。又如，将程序的执行结果写入到文件中，数据的源就是程序，终点就是打开的文件，在程序和文件之间的通道中流动的是要保存的数据。总之，只要是数据从一个地方"流"向另一个地方，这种数据流动的通道都可以称为数据流。

使用流的方式进行输入/输出的好处是：编写的程序简单并且可增强程序的安全性。当数据流建立好以后，如果程序是数据流的源，不用管数据的目的地是哪里（可能是显示器、打印机、远程网络客户端），把接收方看成一个"黑匣子"，只要提供数据就可以了。如果程序是数据流的终点，同样不用关心数据流的起点是哪里，只要在数据流中提取自己需要的数据就可以了。

所谓的输入/输出都是相对于程序来说的。程序在使用数据时,一种角色是数据的提供者,即数据源，另一种角色是数据的使用者，即数据的目的地。如果程序是数据的提供者，它需要向外界提供数据，这种流称为"输出流"，例如，要将程序的执行结果输出到显示器上显示需要使用输出流（数据从程序流出）；如果程序是数据的使用者，需要从外界读取数据，这种流叫"输入流"。例如，从键盘读取数据到程序中进行处理，则在键盘和程序之间建立的就是输入流（数据从外界流入程序）。

Java 提供了 Java.io 包，它包括了一系列的类来实现输入/输出处理。Java 语言中的流从功能上分为两大类：输入流和输出流，前面已经做过介绍。从流结构上也可以分为两大类：字节流（以字节为处理单位）和字符流（以字符为处理单位）。在 JDK1.1 版本之前，Java.io 包中的流只有普通的字节流，使用这种流来处理 16 位的 Unicode 字符很不方便，所以从 JDK1.1 版本之后，Java.io 包中又加入了专门用来处理字符流的类。在 Java.io 包中，字节流的输入流和输出流的基础类是 InputSream 和 OutputStream 两个抽象类，具体的输入/输出操作由这两个类的子类完成。字符流的输入流和输出流的基础类是 Reader 和 Writer 两个抽象类。另外还有一个特殊类，文件随机访问类 RandomAccessFile，它允许对文件进行随机访问，而且可以同时使用这个类的对象对文件进行输入（读）和输出（写）操作。下面介绍常用的输入/输出类的层次结构。

对本章知识的梳理和记忆，可依据表 8-1 所示的 4 个抽象类。

表 8-1　I/O 抽象类

	字节流	字符流
输入流	InputStream	Reader
输出流	OutputStream	Writer

8.2　InputStream 类

InputStream 类是一个抽象类，可以完成最基本的从输入类读取数据的功能，是所有字节输入流的父类，它的多个子类如图 8.1 所示。

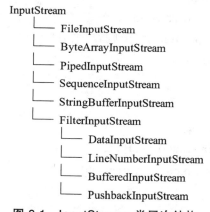

图 8.1　InputStream 类层次结构

根据输入数据的不同形式，可创建适当的 InputStream 的子类对象来完成输入。这些子类也继承了 InputStream 类的方法。其中常用的方法有：

1. 读数据的方法

int read()：从输入流中读取一个字节，返回此字节的 ASCII 码值，范围在 0～255 之间，该方法的属性为 abstract，必须被子类实现。

int read(byte[] b)：从输入流中读取长度为 b.length 的数据，写入字节数组 b 中，并返回实际读取的字节数。

int read(byte[]b, int off, int len)：从输入流中读取长度为 len 的数据，写入字节数组 b 中，从索引 off 位置开始放置，并返回实际读取的字节数。

int available()：返回从输入流中可以读取的字节数。

long skip(long n)：从输入流当前读取位置向前移动 n 个字节，并返回实际跳过的字节数。

2. 标记和关闭流的方法

void mark(int readlimit): 在输入流的当前读取位置作标记。从该位置开始读取由 readlimit 所指定的数据后，标记失效。

void reset(): 重置输入流的读取位置为方法 mark()所标记的位置。

boolean markSupported(): 判读输入流是否支持方法 mark()和 reset()。

void close(): 关闭并释放与该流相关的系统资源。

例 8.1

```java
import Java.io.*;
public class Example8.1 {
    public static void main(String[] args) {
        int b = 0;
        FileInputStream in = null;
        try {
            in = new FileInputStream("d:\\ Java\\io\\TestFileInputStream.Java");
        } catch (FileNotFoundException e) {
            System.out.println("找不到指定文件");
            System.exit(-1);
        }
        try {
            long num = 0;
            while((b=in.read())!=-1){
                System.out.print((char)b);
            num++;
            }
            in.close();
            System.out.println();
            System.out.println("共读取了 "+num+" 个字节");
        } catch (IOException e1) {
            System.out.println("文件读取错误"); System.exit(-1);
        }
    }
}
```

注意: Java 文件系统中, '\\'等价于'/'。打印结果中, 中文字符将显示乱码。原因是一个中文字符 2 个字节, 字节流处理中文字符时按字节截取, 因此, 会出现乱码。

8.3 OutputStream 类

OutputStream 类是一个抽象类，可以完成最基本的输出数据的功能，是所有字节输出流的父类，它的多个子类如图 8.2 所示。

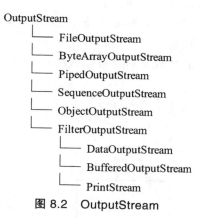

图 8.2 OutputStream

根据输出数据的不同形式，可创建适当的 OutputStream 子类对象来完成输出。

这些子类也继承了 OutputStream 类的方法。其中常用的方法有：

1. 输出数据的方法

void write(int b)：将制定的字节 b 写入输出流。该方法的属性为 abstract，必须被子类所实现。参数中的 b 为 int 类型，如果 b 的值大于 255，则只输出低位字节所表示的值。

void write(byte[] b)：把字节数组 b 中的 b.length 个字节写入输出流。

void write(byte[] b, int off, int len)：把字节数组 b 中从索引 off 开始的 len 个字节写入输出流。

2. 刷新和关闭流

flush()：刷空输出流，并输出所有被缓存的字节。

close()：关闭输出流，也可以由运行时系统在对流对象进行垃圾收集时隐式关闭输出流。

例 8.2

```java
import Java.io.*;
public class Example8.2 {
    public static void main(String[] args) {
        int b = 0;
        FileInputStream in = null;
        FileOutputStream out = null;
        try {
            in = new FileInputStream("d:/HelloWorld.Java");
            out = new FileOutputStream("d:/HW.Java");
            while((b=in.read())!=-1){
```

```
        out.write(b);
      }
      in.close();
      out.close();
    } catch (FileNotFoundException e2) {
      System.out.println("找不到指定文件"); System.exit(-1);
    } catch (IOException e1) {
      System.out.println("文件复制错误"); System.exit(-1);
    }
    System.out.println("文件已复制");
  }
}
```

该例如图 8.3 所示。

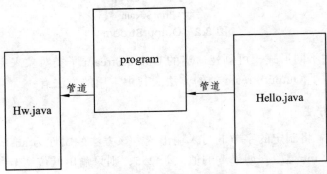

图 8.3 案例形象思维

8.4 Reader 类

Reader 类中包含了许多字符输入流的常用方法，是所有字符输入流的父类，根据需要输入的数据类型的不同，可以创建适当的 Reader 类的子类对象来完成输入操作。Reader 类的类层次结果如图 8.4 所示。

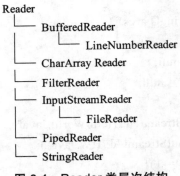

图 8.4 Reader 类层次结构

这些子类集成了 Reader 类的常用方法。

1. 读取数据的方法

int read()：读取一个字符。

int read(char[] ch)：读取一串字符放到数组 ch[]中。

int read(char[] ch，int off，int len)：读取 len 个字符到数组 ch[]的索引 off 处，该方法必须被子类实现。

标记和关闭流的方法与 InputStream 类相同，不再赘述。

例 8.3

```
import Java.io.*;
public class Example8.3 {
    public static void main(String[] args) {
        FileReader fr = null;
        int c = 0;
        try {
            fr = new FileReader("d:\\Java\\TestFileReader.Java");
            int ln = 0;
            while ((c = fr.read()) !=－1) {
                System.out.print((char)c);
            if (++ln >= 100) { System.out.println(); ln = 0;}
            }
            fr.close();
        } catch (FileNotFoundException e) {
            System.out.println("找不到指定文件");
        } catch (IOException e) {
             System.out.println("文件读取错误");
        }
    }
}
```

Example8.3 运行结果中，不再出现乱码。因为字符流按字符（Java 字符是 2 个字节）为单位处理数据。

8.5 Writer 类

Writer 类包含了一系列字符输出流需要的方法，可以完成最基本的输出数据到输出流的功能，是所有字符输出流的父类。根据输出数据类型的不同，可以创建适当的 Writer 子类对象来完成数据的输出。Writer 类的类层次结构如图 8.5 所示。

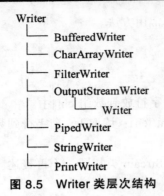

图 8.5 Writer 类层次结构

这些子类继承了 Writer 类，同样也具有了 Writer 类的常用方法：

void write(int c)：将指定的整型值 c 的低 16 位写入输出流。

void write(char[] ch)：把字符数组 ch 中的 ch.length 个字符写入输出流。

void write(char[] ch,int off,int len)：把字符数组 ch 中从索引 off 开始的 len 个字符写入输出流。

void write(String s)：将字符串 s 中的字符写入输出流。

void write(String s，int off，int len)：将字符串 s 中从索引 off 处开始的 len 个字符写入输出流。

刷新和关闭流的方法和 OutputStream 类相似，不再赘述。

8.6 缓冲流

缓冲字符流指的是 BufferedReader 类和 BufferedWriter 类，目的是在基础字符流的基础上创建一个缓冲区，来提高字符流处理的效率。

1．构造方法

BufferedReader(Reader in)：基于一个普通的字符输入流 in 生成相应的缓冲输入流。

BufferedReader(Reader in,int size)：基于一个普通的字符输出流 in 生成相应的缓冲输入流，缓冲区的大小为 size。

BufferedWriter(Writer out)：基于一个普通的字符输出流 out 生成相应的缓冲输出流。

BufferedWriter(Writer out,int size)：基于一个普通的字符输出流 out 生成相应的缓冲输出流，缓冲区的大小为 size。

2．读/写方法

除了继承了 Reader 类和 Writer 类提供的基本的读/写方法外，还增加了对整行字符的处理方法。

String readLine()throws IOException：从输入流中读取一行字符,行结束标记为回车符('\r')换行符('\n')或者连续的回车换行符('\r' '\n')。

void newLine()throws IOException:向字符输出流中写入一个行结束标记，该标记不是简单的换行符('\n')，而是由系统定义的属性 line.separator。

缓冲流需要套接在相应的节点流之上，对读写的数据提供了缓冲的功能，提高了读写的效率，同时增加了一些新方法。

J2sDK 提供了 4 种缓存流，如下：

BufferedReader(Reader in)

BufferedReader(Reader in,int size)   //size 为自定义缓冲区大小

BufferedWriter(Writer out)

BufferedWriter(Writer out,int size)

BufferedInputStream(inputStream in)

BufferedInputStream(intputStream in,int size)

BufferedOutputStream(OutputStream, out)

BufferedOutputStream(OutputStream, int size)

BufferedReader 提供了 readLine 方法用于读取一行字符串(以\r 或\n 分隔)，BufferedWriter 提供了 newLine 用于写入一个行分隔符。

对于输出的缓冲流，写出的数据会先在内存中缓存，使用 flush 方法将会使内存中的数据立刻写出。

例 8.4

```java
import Java.io.*;
public class Example8.4 {
  public static void main(String[] args) {
    try {
      FileInputStream fis =
              new FileInputStream("d:\\HelloWorld.Java");
      BufferedInputStream bis =
              new BufferedInputStream(fis);  //节点流的基础上套上了缓冲流，可利用
                                             //其提供的更强大的方法。
      int c = 0;
      System.out.println(bis.read());
      System.out.println(bis.read());
      bis.mark(100);//打标记
      for(int i=0;i<=10 && (c=bis.read())!=-1;i++){
        System.out.print((char)c+" ");
      }
      System.out.println();
      bis.reset();//返回到打标记处
      for(int i=0;i<=10 && (c=bis.read())!=-1;i++){
```

```
            System.out.print((char)c+" ");
        }
        bis.close();
    } catch (IOException e) {e.printStackTrace();}
  }
}
```

例 8.5

```
import Java.io.*;
public class Example8.5 {
    public static void main(String[] args) {
        try {
            BufferedWriter bw = new BufferedWriter(new FileWriter("d:\\dat2.txt"));
            BufferedReader br = new BufferedReader(
                    new FileReader("d:\\dat2.txt"));
            String s = null;
            for(int i=1;i<=100;i++){
                s = String.valueOf(Math.random());
                bw.write(s);
                bw.newLine();     //换新行
            }
            bw.flush();
            while((s=br.readLine())!=null){   //读一行数据
                System.out.println(s);
            }
            bw.close();
            br.close();
        } catch (IOException e) { e.printStackTrace();}
    }
}
```

8.7 转换流

InputStreamReader 和 OutputStreamReader 用于字节数据到字符数据的转换。InputStreamReader 需要和 InputStream 套接，OutputStreamReader 需要和 OutputStream 套接。转换流在构造的时候可以指定其编码集合，例如：

InputStreamReader isr = new InputStreamReader(System.in, "ISO8859_1");

例 8.6

```java
import Java.io.*;
public class Example8.6{
    public static void main(String[] args) {
        try {
            OutputStreamWriter osw = new OutputStreamWriter(
                new FileOutputStream("d:\\char.txt"));
            osw.write("mircosoftibmsunapplehp");
            System.out.println(osw.getEncoding());
            osw.close();
            osw = new OutputStreamWriter(new FileOutputStream("d:\\char.txt", true), "ISO8859_1");
// latin-1
            osw.write("mircosoftibmsunapplehp");
            System.out.println(osw.getEncoding());
            osw.close();
        } catch (IOException e) {
            e.printStackTrace();
        }
    }
}
```

例 8.7

```java
import Java.io.*;
public class Example8.7{
    public static void main(String args[]) {
        InputStreamReader isr = new InputStreamReader(System.in);
        BufferedReader br = new BufferedReader(isr);
        String s = null;
        try {
            s = br.readLine();
            while(s!=null){
                if(s.equalsIgnoreCase("exit")) break;
                System.out.println(s.toUpperCase());
                s = br.readLine();
            }
            br.close();
        } catch (IOException e) {
```

```
            e.printStackTrace();
        }
    }
}
```

8.8 数据流

DataInputStream 和 DataOutputStream 分别继承自 InputStream 和 OutputStream，它属于处理流，需要分别套接在 InputStream 和 OutputStream 类型的节点流上。

DataInputStream 和 DataOutputStream 提供了可以存取与机器无关的 Java 原始类型数据（int、double..）的方法。

DataInputStream 和 DataOutputStream 的构造方法参考 Example8.8 。
DataInputStream 和 DataOutputStream 的构造方法参考 Example8.8 。

```
import Java.io.*;
public class Example8.8 {
    public static void main(String[] args) {
        ByteArrayOutputStream baos =
                new ByteArrayOutputStream();
        DataOutputStream dos =
                new DataOutputStream(baos);
        try {
            dos.writeDouble(Math.random());
            dos.writeBoolean(true);
            ByteArrayInputStream bais =
            new ByteArrayInputStream(baos.toByteArray());
            System.out.println(bais.available());
            DataInputStream dis = new DataInputStream(bais);
            System.out.println(dis.readDouble());
            System.out.println(dis.readBoolean());
            dos.close();    dis.close();
        } catch (IOException e) {
                e.printStackTrace();
        }
    }
}
```

注意：读取数据和写入数据的顺序必须一致，否则读出的数据不正确。该例中先写入 double 类型，因此，须先读一个 double 型。

8.9 打印流

　　PrintWriter 和 PrintStream 都属于输出流，分别针对字符与字节。PrintWriter 和 PrintStream 提供了重载的 print 方法。println 方法用于多种数据类型的输出。PrintWriter 和 PrintStream 的输出操作不会抛出异常，用户通过检测错误状态获取错误信息。PrintWriter 和 PrintStream 有自动 flush 功能。构造函数重载：

PrintWriter(Writer out)
PrintWriter(Writer out,boolean autoFlush)
PrintWriter(OutputStream out)
PrintWriter(OutputStream out,boolean autoFlush)
PrintStream(OutputStream out)
PrintStream(OutputStream out, boolean autoFlush)

例 8.9

```java
import Java.io.*;
public class Example8.9 {
    public static void main(String[] args) {
        PrintStream ps = null;
        try {
            FileOutputStream fos =
                    new FileOutputStream("d:\\log.dat");
            ps = new PrintStream(fos);
        } catch (IOException e) {
            e.printStackTrace();
        }
        if(ps != null){
            System.setOut(ps);    //重定向标准输出到 ps，即 log.dat 文件
        }
        int ln = 0;
        for(char c = 0; c <= 60000; c++){
            System.out.print(c+ " ");
            if(ln++ >=100){ System.out.println(); ln = 0;}
        }
    }
}
```

例 8.10

```java
import Java.util.*;
import Java.io.*;
public class Example8.10 {
    public static void main(String[] args) {
```

```java
        String s = null;
        BufferedReader br = new BufferedReader(
                        new InputStreamReader(System.in));
        try {
            FileWriter fw = new FileWriter ("d:\\logfile.log", true); //Log4J
            PrintWriter log = new PrintWriter(fw);
            while ((s = br.readLine())!=null) {
                if(s.equalsIgnoreCase("exit")) break;
                System.out.println(s.toUpperCase());
                log.println("-----");
                log.println(s.toUpperCase());
                log.flush();
            }
            log.println("==="+new Date()+"===");
            log.flush();
            log.close();
        } catch (IOException e) {
            e.printStackTrace();
        }
    }
}
```

8.10 标准输入/输出

为了方便使用计算机重用的输入/输出设备，各种高级语言与操作系统之间，都规定了可用的标准设备（文件）。所谓标准设备（文件），也称为预定义设备（文件），是指在程序中使用这些设备（文件）时可以不用专门的打开操作就能简单的应用。一般的，标准输入设备是键盘，标准输出设备就是终端显示器，标准错误输出设备也是显示器。

Java 语言的系统类 System 类提供了访问标准输入/输出设备的功能。System 类有三个类变量：in（标准输入）、out（标准输出）和 err（标准错误输出流）。

1. 标准输入

类变量 in 被定义为 public static final InputStream in，一般这个流对应键盘输入，而且已经处于打开状态，可以使用 InputStream 类的 read()和 skip(long n)等方法从输入流获得数据。

2. 标准输出

类变量 out 被定义为 public static final PrintStream out，一般这个流对应显示器输出，而

且已经处于打开状态，可以使用 PrintStream 类的 print()和 println()等方法输出数据，这两个方法可以将 Java 的任意基本类型作为参数。

3. 标准错误输出

类变量 err 被定义为 public static final PrintStream err，一般这个流对应显示器输出，而且已经处于打开状态，可以使用 PrintStream 类的方法进行输出。

8.11 对象序列化

Serialization(序列化)是一种将对象以一连串的字节描述的过程；反序列化 deserialization 是一种将这些字节重建成一个对象的过程。

什么情况下需要序列化？

（1）当你想把的内存中的对象保存到一个文件中或者数据库中时候；

（2）当你想用套接字在网络上传送对象的时候；

（3）当你想通过 RMI 传输对象的时候。

实现序列化的方法是将需要序列化的类实现 Serializable 接口，Serializable 接口中没有任何方法，可以理解为一个标记，即表明这个类可以序列化。

如果我们想要序列化一个对象，首先要创建某些 OutputStream(如 FileOutputStream、ByteArrayOutputStream 等)，然后将这些 OutputStream 封装在一个 ObjectOutputStream 中。这时候，只需要调用 writeObject()方法就可以将对象序列化，并将其发送给 OutputStream（记住：对象的序列化是基于字节的，不能使用 Reader 和 Writer 等基于字符的层次结构）。而反序列的过程（即将一个序列还原成为一个对象）需要将一个 InputStream(如 FileInputstream、ByteArrayInputStream 等)封装在 ObjectInputStream 内，然后调用 readObject()即可。

例 8.11

```
package com.sheepmu;
import Java.io.FileInputStream;
import Java.io.FileNotFoundException;
import Java.io.FileOutputStream;
import Java.io.IOException;
import Java.io.ObjectInputStream;
import Java.io.ObjectOutputStream;
import Java.io.Serializable;

public class Example8.11   implements Serializable{
    private static final long serialVersionUID = 1L;
    private String name="SheepMu";
```

```java
        private int age=24;
        public static void main(String[] args){//以下代码实现序列化
            try{
                        //输出流保存的文件名为 my.out ；ObjectOutputStream
                    ObjectOutputStream oos = new ObjectOutputStream(new
                        FileOutputStream("my.out")); //能把 Object 输出成 Byte 流
                MyTest myTest=new MyTest();
                oos.writeObject(myTest);
                oos.flush();    //缓冲流
                oos.close(); //关闭流
            } catch (FileNotFoundException e){
                e.printStackTrace();
            } catch (IOException e){
                e.printStackTrace();
            }
        fan();//调用下面的反序列化代码
    }
    public static void fan(){    //反序列的过程
        ObjectInputStream oin = null;    //局部变量必须要初始化
        try{
            oin = new ObjectInputStream(new FileInputStream("my.out"));
        } catch (FileNotFoundException e1){
            e1.printStackTrace();
        } catch (IOException e1){
            e1.printStackTrace();
        }
        MyTest mts = null;
        try {
            mts = (MyTest ) oin.readObject();//由 Object 对象向下转型为 MyTest 对象
        } catch (ClassNotFoundException e) {
            e.printStackTrace();
        } catch (IOException e) {
            e.printStackTrace();
        }
        System.out.println("name="+mts.name);
        System.out.println("age="+mts.age);
    }
}
```

程序运行后会在此项目的工作空间生成一个 my.out 文件。反序列化后输出如下：

name=SheepMu
age=24

若把上面的代码中的 age 变量前加上 static，如下：

例 8.12

```java
package com.sheepmu;
import Java.io.FileInputStream;
import Java.io.FileNotFoudException;
import Java.io.FileOutputStream;
import Java.io.IOException;
import Java.io.ObjectInputStream;
import Java.io.ObjectOutputStream;
import Java.io.Serializable;
public class Example8.12     implements Serializable{
   private static final long serialVersionUID = 1L;
   private String name="SheepMu";
   private static int age=24;
   public static void main(String[] args){   //以下代码实现序列化
      try{
          ObjectOutputStream oos = new ObjectOutputStream(new
                       FileOutputStream("my.out"));
//输出流保存的文件名为 my.outObjectOutputStream 能把 Object 输出成 Byte 流
          MyTest myTest=new MyTest();
          oos.writeObject(myTest);
          oos.flush();   //缓冲流
          oos.close();  //关闭流
      } catch (FileNotFoundException e) {
          e.printStackTrace();
      } catch (IOException e) {
          e.printStackTrace();
      }
      fan();//调用下面的反序列化代码
   }
   public static void fan(){
      new MyTest().name="SheepMu_1";   //重点看这两行 更改部分
      age=1;
      ObjectInputStream oin = null;   //局部变量必须要初始化
```

```
    try{
        oin = new ObjectInputStream(new FileInputStream("my.out"));
    } catch (FileNotFoundException e1){
      e1.printStackTrace();
    } catch (IOException e1){
      e1.printStackTrace();
    }
    MyTest mts = null;
    try {
      mts = (MyTest ) oin.readObject();    //由 Object 对象向下转型为 MyTest 对象
    } catch (ClassNotFoundException e) {
      e.printStackTrace();
    } catch (IOException e) {
      e.printStackTrace();
    }
    System.out.println("name="+mts.name);
    System.out.println("age="+mts.age);
  }
}
```

输出仍然是：

name=SheepMu

age=24

序列化会忽略静态变量，即序列化不保存静态变量的状态。静态成员属于类级别的，所以不能序列化，即序列化的是对象的状态不是类的状态。这里的不能序列化的意思，是序列化信息中不包含这个静态成员域。上面添加了 static 后之所以还是输出 24 是因为该值是 JVM 加载该类时分配的值。

在实际开发过程中，我们常常会遇到这样的问题，这个类的有些属性需要序列化，而其他属性不需要被序列化，打个比方，如果一个用户有一些敏感信息（如密码，银行卡号等），为了安全起见，不希望在网络操作（主要涉及序列化操作，本地序列化缓存也适用）中被传输，这些信息对应的变量就可以加上 transient 关键字。换句话说，这个字段的生命周期仅存于调用者的内存中而不会写到磁盘里持久化。

例 8.13

```
import Java.io.*;
public class Example8.13 {
    public static void main(String args[]) throws Exception {
        T t = new T();
```

```
        t.k = 8;
        FileOutputStream fos = new FileOutputStream("d:/testobjection.dat");
        ObjectOutputStream oos = new ObjectOutputStream(fos);
        oos.writeObject(t);
        oos.flush();
        oos.close();

        FileInputStream fis = new FileInputStream("d:/testobjectio.dat");
        ObjectInputStream ois = new ObjectInputStream(fis);
        T tReaded = (T)ois.readObject();
        System.out.println(tReaded.i + " " + tReaded.j + " " + tReaded.d + " " + tReaded.k);

    }
}

class T implements Serializable
{
    int i = 10;
    int j = 9;
    double d = 2.3;
    transient int k = 15;
}
```

运行结果为：

10 9 2.3 0

因为 k 变量不被序列化。所以，对象被序列化之后变量 k 变为 0。

总结：

（1）当一个父类实现序列化，子类自动实现序列化，不需要显式实现 Serializable 接口；

（2）当一个对象的实例变量引用其他对象，序列化该对象时也把引用对象进行序列化；

（3）static，transient 后的变量不能被序列化。

8.12 文件描述

在输入/输出操作中，最常见的是对文件的操作。Java.io 包中的 File 类提供了与平台无关的方式来描述目录和文件对象的属性和方法。对于目录，Java 把它简单的处理为一种特殊的文件，即文件名列表。在 File 类中包含了很多方法，可用来获取路径、目录和文件的相关信息,并对它们进行创建、删除、改名等管理操作。因为不同的系统平台对文件路径的描述不尽相同,为做到平台无关,在 Java 中使用抽象路径等概念。Java 自动进行不同系统平台的文件路径描述与抽象文件路径之间的转换。下面介绍一下 File 类提供的常用方法。

1. 目录管理

目录操作的方法有:

public boolean mkdir():根据当前对象的抽象路径生成一个目录。

pubilc String[] list():列出当前抽象路径下的文件名和目录名。

2. 文件管理

1)文件的生成

File 类中提供了三种用来生成文件或目录对象的构造方法。

public File(String path):通过给定的路径名来创建文件对象。

public File(String path,String name):使用父抽象路径(目录)字符串和子抽象路径(子目录)字符串创建文件对象。

public File(File dir,String name):使用父抽象路径(目录)和子抽象路径(子目录)字符串创建文件对象。

具体使用哪一种构造方法取决于对文件的访问方式。例如,如果在程序中只使用一个文件,第一种构造方法是最简单的。如果在程序中需要在同一个目录里打开多个文件,则后面的两种方法更容易些。

2)文件名的处理

public String getName():获取文件的名称(不包括路径)。

public String getPath():获得文件的路径名。

public String getAboslutePath():获得文件的绝对路径名。

public String getParent():获得当前文件的上一级目录名。

public String renameTo(Filenewname):将当前文件名更改为给定文件的完整路径。

3)文件属性测试

public boolean exists():测试当前抽象路径表示的文件是否存在。

public boolean canRead():测试当前文件是否可读。

public boolean canWrite():测试当前文件是否可写。

public boolean isFile():测试当前文件对象是否是文件。

public boolean isDirectory():测试当前文件对象是否是目录。

4)文件信息处理

public long lastModified():获得当前抽象路径表示的文件最近一次被修改的时间。

public long length():获得抽象路径表示的文件的长度,以字节为单位。

public boolean delete():删除当前文件。

例 8.14：输入文件名，获取文件的基本信息并显示输出。

String fileName="e:/example.txt";
File f1=new File(fileName);
File f2=new File("e:/FileTest.txt");
System.out.println("properties of file"+fileName);
System.out.println("getName():"+f1.getName());
System.out.println("getPath():"+f1.getPath());
System.out.println("getAbsolutePath():"+f1.getAbsolutePath());
System.out.println("getParent():"+f1.getParent());
System.out.println("exists():"+f1.exists());
System.out.println("canRead():"+f1.canRead());
System.out.println("canWrite():"+f1.canWrite());
System.out.println("length():"+f1.length());
System.out.println("isFile():"+f1.isFile());
System.out.println("isDirectory():"+f1.isDirectory());
System.out.println("renameTo():"+f1.renameTo(f2));
System.out.println("new file"+f2.getName());
System.out.println("lastModified():"+f1.lastModified());

程序的运行结果如下：

properties of file e:/example.txt
getName():example.txt
getPath():e:\example.txt
getAbsolutePath():e:\example.txt
getParent():e:\
exists():true
canRead():true
canWrite():true
length():40
isFile():true
isDirectory():false
renameTo():true
new file FileText.txt
lastModified():0

本章小结

在对本章的知识点梳理时，建议从 InpuStream、OutputStream、Reader、Writer 4 个抽象类拓展延伸。

习 题

一、选择题

1．下列数据流中，属于输入流的一项是（　　）。
　　A．从内存流向硬盘的数据流　　　　B．从键盘流向内存的数据流
　　C．从键盘流向显示器的数据流　　　D．从网络流向显示器的数据流

2．Java 语言提供处理不同类型流的类所在的包是（　　）。
　　A．Java.sql　　　B．Java.util　　　C．Java.net　　　D．Java.io

3．不属于 Java.io 包中的接口的是（　　）。
　　A．DataInput　　B．DataOutput　　C．DataInputStream　　D．ObjectInput

4．下列程序从标准输入设备读入一个字符，然后再输出到显示器，选择正确的一项填入"//x"处，完成要求的功能（　　）。

```
import Java.io.*;
    public class X8_1_4 {
    public static void main(String[] args) {
        char ch;
        try{
            //x
            System.out.println(ch);
        }
        catch(IOException e){
            e.printStackTrace();
        }
    }
}
```

　　A．ch = System.in.read();　　　　　　B．ch = (char)System.in.read();
　　C．ch = (char)System.in.readln();　　　D．ch = (int)System.in.read();

5．下列程序实现了在当前包 dir815 下新建一个目录 subDir815，选择正确的一项填入程序的横线处，使程序符合要求（　　）。

```
package dir815;
import Java.io.*;
public class X8_1_5 {
```

```
public static void main(String[] args){
    char ch;
    try{
        File path =                    ;
        if(path.mkdir())
            System.out.println("successful!");
    }
    catch(Exception e){
        e.printStackTrace();
    }
}
```

A．new File("subDir815");   B．new File("dir815.subDir815");
C．new File("dir815\subDir815");   D．new File("dir815/subDir815");

6．下列流中哪一个使用了缓冲区技术（   ）？
A．BufferedOutputStream   B．FileInputStream
C．DataOutputStream   D．FileReader

7．能读入字节数据进行 Java 基本数据类型判断过虑的类是（   ）。
A．BufferedInputStream   B．FileInputStream
C．DataInputStream   D．FileReader

8．使用哪一个类可以实现在文件的任一个位置读写一个记录（   ）？
A．BufferedInputStream   B．RandomAccessFile
C．FileWriter   D．FileReader

9．在通常情况下，下列哪个类的对象可以作为 BufferedReader 类构造方法的参数（   ）？
A．PrintStream   B．FileInputStream
C．InputStreamReader   D．FileReader

10．若文件是 RandomAccessFile 的实例 f，并且其基本文件长度大于 0，则下面的语句实现的功能是（   ）。

f.seek(f.length() − 1);

A．将文件指针指向文件的第一个字符后面
B．将文件指针指向文件的最后一个字符前面
C．将文件指针指向文件的最后一个字符后面
D．会导致 seek()方法抛出一个 IOException 异常

11．下列关于流类和 File 类的说法中错误的一项是（   ）。
A．File 类可以重命名文件   B．File 类可以修改文件内容
C．流类可以修改文件内容   D．流类不可以新建目录

12．若要删除一个文件，应该使用下列哪个类的实例（   ）
A．RandomAccessFile   B．File
C．FileOutputStream   D．FileReader

13．下列哪一个是 Java 系统的标准输入流对象（   ）
A．System.out   B．System.in   C．System.exit   D．System.err

14．Java 系统标准输出对象 System.out 使用的输出流是（   ）。
A．PrintStream   B．PrintWriter
C．DataOutputStream   D．FileReader

二、填空题

1．Java 的输入输出流包括＿＿＿＿＿＿、＿＿＿＿＿＿、＿＿＿＿＿＿、＿＿＿＿＿＿以及多线程之间通信的＿＿＿＿＿＿。

2．凡是从外部设备流向中央处理器的数据流，称之为＿＿＿＿＿＿流；反之，称之为＿＿＿＿＿＿流。

3．Java.io 包中的接口中，处理字节流的有＿＿＿＿＿＿接口和＿＿＿＿＿＿接口。

4．所有的字节输入流都从＿＿＿＿＿＿类继承，所有的字节输出流都从＿＿＿＿＿＿类继承。

5．与用于读写字节流的 InputStream 类和 OutputStream 类相对应，Java 还提供了用于读写 Unicode 字符的字符流＿＿＿＿＿＿类和＿＿＿＿＿＿类。

6．对一般的计算机系统，标准输入通常是＿＿＿＿＿＿，标准输出通常是＿＿＿＿＿＿。

7．Java 系统事先定义好两个流对象，分别与系统的标准输入和标准输出相联系，它们是＿＿＿＿＿＿和＿＿＿＿＿＿。

8．System 类的所有属性和方法都是＿＿＿＿＿＿的，即调用时需要以类名 System 为前缀。

9．Java 的标准输入 System.in 是＿＿＿＿＿＿类的对象，当程序中需要从键盘读入数据的时候，只需调用 System.in 的＿＿＿＿＿＿方法即可。

10．执行 System.in.read()方法将从键盘缓冲区读入一个＿＿＿＿＿＿的数据，然而返回的却是 16 比特的＿＿＿＿＿＿，需要注意的是只有这个＿＿＿＿＿＿的低位字节是真正输入的数据，其高位字节＿＿＿＿＿＿。

11．System.in 只能从键盘读取＿＿＿＿＿＿的数据，而不能把这些比特信息转换为整数、字符、浮点数或字符串等复杂数据类型的量。

12．Java 的标准输出 System.out 是＿＿＿＿＿＿类的对象。＿＿＿＿＿＿类是过滤输出流类 FilterOutputStream 的一个子类，其中定义了向屏幕输送不同类型数据的方法＿＿＿＿＿＿和＿＿＿＿＿＿。

13．在 Java 中，标准错误设备用＿＿＿＿＿＿表示。它属于＿＿＿＿＿＿类对象。

14．在计算机系统中，需要长期保留的数据是以＿＿＿＿＿＿的形式存放在磁盘、磁带等外存储设备中的。

15．＿＿＿＿＿＿是管理文件的特殊机制，同类文件保存在同一目录下可以简化文件的管理，提高工作效率。

16．Java 语言的 Java.io 包中的＿＿＿＿＿＿ 类是专门用来管理磁盘文件和目录的。调用_____类的方法则可以完成对文件或目录的常用管理操作，如创建文件或目录、删除文件或目录、查看文件的有关信息等。

17. File 类虽然在 Java.io 包中，但它不是 InputStream 或者 OutputStream 的子类，因为它不负责_____，而专门用来管理_____。

18. 如果希望从磁盘文件读取数据，或者将数据写入文件，还需要使用文件输入输出流类_____和_____。

19. Java 系统提供的 FileInputStream 类是用于读取文件中的_____数据的_____文件输入流类；FileOutputStream 类是用于向文件写入_____数据的_____文件输出流类。

20. 利用_____类和_____类提供的成员方法可以方便地从文件中读写不同类型的数据。

21. Java 中的_____类提供了随机访问文件的功能，它继承了_____类，用_____和_____接口来实现。

三、编程题

1. 利用 DataInputStream 类和 BufferedInputStream 类编写一个程序，实现从键盘读入一个字符串，在显示器上显示前两个字符的 Unicode 码以及后面的所有字符。

编程分析：本程序主要考察流类 DataInputStream 和 BufferedInputStream 的使用方法。

第一步：创建字节输入流对象。

DataInputStream dis = new DataInputStream(System.in);

BufferedInputStream bis = new BufferedInputStream(dis);

第二步：利用字节输入流对象分三次读取数据，第一次读取一个字节，第二次读取一个字节，第三次将剩余字节全部读入字节数组 b 中，并将该数组转换为字符串显示出来。

注意：字节数组中元素的个数比实际输入元素的个数多两个，原因是数组最后都要添加回车和换行两个转义字符的 Unicode 码。

2. 编写一个程序，其功能是将两个文件的内容合并到一个文件中。

编程分析：本题主要考察对文件流类 FileReader 和 FileWriter 的使用方法，实现从文件中读取数据，以及向文件中输入数据。

第一步：采用面向字符的文件流读出文件内容，使用 FileReader 类的 read()方法，写文件内容使用 FileWriter 类的 write()方法。

第二步：通过键盘方式输入要合并的两个源文件的文件名以及合并后的新文件名。

第三步：将两个源文件内容分别读出并写入到目标文件中。

3. 编写一个程序实现以下功能：

（1）产生 5 000 个 1～9 999 之间的随机整数，将其存入文本文件 a.txt 中。

（2）从文件中读取这 5 000 个整数，并计算其最大值、最小值和平均值并输出结果。

编程分析：本题主要考察利用 FileOutputStream、DataOutputStream、FileInputStream、DataInputStream 等类实现对文件的操作。

第一步：产生 5 000 个 1～9 999 之间的随机整数，将其存入文本文件 a.txt 中，本参考程序利用方法"genRandom(File f)"来实现，使用了 FileOutputStream 和 DataOutputStream 两个类。

第二步：将文件中的数据取出计算最大值、最小值、平均值以及求和，本参考程序利用方法 calculate(File f)来实现，使用了 FileInputStream 和 DataInputStream 两个类。

4．编写一个程序，将 Fibonacii 数列的前 20 项写入一个随机访问文件，然后从该文件中读出第 2、4、6 等偶数位置上的项并将它们依次写入另一个文件。

编程分析：本程序主要考察 RandomAccessFile 文件流类的使用方法。

第一步：创建 RandomAccessFile 文件流类对象 raf，让它指向文件"fout.txt"，并向该文件中写入 Fibonacii 数列的前 20 项。

第二步：读取"fout.txt"文件中第 2、4、6 等偶数位置上的项，并将它们存入数组 fib2 中。

第三步：让文件流类对象 raf 指向文件"fin.txt"，并将数组 fib2 中的数据写入其中。

第 9 章 多线程

9.1 线程基本概念

　　线程是程序运行的一条路径，它是比进程更小的执行的单位，是进程中能够独立运行的一个执行流。一个进程在执行的过程中，可以产生多个线程，每个线程都有自身的产生、执行到终止的过程。操作系统以线程为单位分配资源。

　　多线程指的是操作系统每次分时给程序一个时间片的 CPU 时间内，在若干个独立的可控线程之间进行切换。线程间可以共享相同的内存空间，并利用这些共享内存来进行数据交换、实时通讯及同步操作等。

9.2 线程的创建和启动

　　在 Java 中创建线程有两种方法：使用 Thread 类和使用 Runnable 接口。在使用 Runnable 接口时需要建立一个 Thread 实例。因此，无论是通过 Thread 类还是 Runnable 接口建立线程，都必须建立 Thread 类或它的子类的实例。

Thread 构造函数：

public Thread( );

public Thread(Runnable target);

public Thread(String name);

public Thread(Runnable target, String name);

public Thread(ThreadGroup group, Runnable target);

public Thread(ThreadGroup group, String name);

public Thread(ThreadGroup group, Runnable target, String name);

public Thread(ThreadGroup group, Runnable target, String name, long stackSize);

　　程序执行必须占用 CPU 资源，我们可以把 Thread 类的对象看成是一个虚拟 CPU，线程类对象看成是程序运行的一条独立路径。为了多个程序多条路径同时运行，必须创建多个虚拟 CPU，并将多条独立程序部署到 CPU 上运行。

　　例 9.1：实现 Runable 接口的方法

public class Example9.1{

```
        public static void main(String[] args){
            Demo1 d =new Demo1();
            Thread t = new Thread(d);
            t.start();
            for(int x=0;x<60;x++){
                System.out.println(Thread.currentThread().getName()+x);
            }
        }
    }
    class Demo1 implements Runnable{
        public void run(){
            for(int x=0;x<60;x++){
                System.out.println(Thread.currentThread().getName()+x);
            }
        }
    }
```

例 9.2：继承 Thread 类覆盖 run 方法

```
    public class Example9.2{
        public static void main(String[] args){
            Demo d = new Demo();
            d.start();
            for(int i=0;i<60;i++){
                System.out.println(Thread.currentThread().getName()+i);
            }
        }
    }
    class Demo extends Thread{
        public void run(){
            for(int i=0;i<60;i++){
                System.out.println(Thread.currentThread().getName()+i);
            }
        }
    }
```

建议读者实现接口，因为：更适合多个相同的程序代码的线程去处理同一个资源；可以避免 Java 中的单继承的限制；增加程序的健壮性，代码可以被多个线程共享，代码和数据独立。

9.3 线程的调度和优先级

处于就绪状态的线程首先排队等待 CPU 的调度,同一时刻可能有多个线程等待调度,具体执行顺序取决于线程的优先级(Priority),更准确的表达是占用 CPU 的时间。

Java 虚拟机中由线程调度器负责管理线程,调度器把线程分为 10 个级别,由整数值 1~10 来表示,优先级越高,越先执行;优先级越低,越晚执行;优先级相同时,则遵循队列的"先进先出"的原则。有几个与优先级相关的整数常量:

MIN_PRIORITY :线程能具有的最小优先级。

MAX_PRIORITY :线程能具有的最大优先级。

NORM_PRIORITY:线程的常规优先级。

当线程创建时,优先级默认为由 NORM_PRIORITY 标识的整数。Thread 类与优先级相关的方法有:setPriority(int grade)和 getPriority()。setPriority(int grade)方法用来设置线程的优先级,整数型参数作为线程的优先级,其范围必须在 MIN_PRIORITY 和 MAX_PRIORITY 之间,并且不大于线程的 Thread 对象所属线程组的优先级。

Java 支持一种"抢占式"(preemptive)调度方式。抢占式是和协作式(cooperative)相对的概念。所谓协作式,是指一个执行单元一旦获得某个资源的使用权,别的执行单元就无法剥夺,即使其他线程的优先级更高。而抢占式则相反。比如,在一个低优先级线程的执行过程中,来了一个高优先级线程,若在协作式调度系统中,这个高优先级线程必须等待低优先级线程的时间片执行完毕,而抢占式调度方式则可以直接把控制权抢过来。抢占式是比协作式更为优越的资源分配方式,Window3.x 采用的是协作式 Windows95/98/2000 采用的是抢占式。

Java 的线程调度遵循的是抢占式,一旦时间片有空闲,则使具有相同高优先级的线程以轮流的方式顺序使用时间片,直至线程终止。例如 A、B、C、D 为 4 个线程,其中 A 和 B 级别相同且高于 C 和 D,那么 Java 调度器会首先轮流执行 A 和 B,直到执行完毕进入"死亡"状态,才会在 C 和 D 之间轮流执行。因此,为使低优先级线程能够有机会运行,较高优先级线程可以进入"睡眠"(sleep)状态。进入睡眠状态的线程必须在唤醒之后才能继续执行。在实际编程时,要编写正确、跨平台的多线程代码,必须假设线程在任何时刻都有可能被剥夺 CPU 资源的使用权。

例 9.3
```
public class Example9.3{
    public static void main(String[] args) {
        Thread t1 = new Thread(new T1());
        Thread t2 = new Thread(new T2());
        t1.setPriority(Thread.NORM_PRIORITY + 3);
        t1.start();
        t2.start();
    }
}
class T1 implements Runnable {
```

```
    public void run() {
        for(int i=0; i<1000; i++) {
            System.out.println("T1: " + i);
        }
    }
}
class T2 implements Runnable {
    public void run() {
        for(int i=0; i<1000; i++) {
            System.out.println("------T2: " + i);
        }
    }
}
```

运行结果中，t1 线程执行占用 CPU 时间片更多，即 t1 线程先执行完。

9.4 线程的状态和生命周期

一个线程从创建、启动到终止的整个过程就叫做一个生命周期。在期间的任何时刻，线程总是处于某个特定的状态。它们之间的转换图如 9.1 所示。

1. 新建状态

新建状态也称之为新线程状态，即创建了一个线程类的对象后，产生的新线程进入新建状态。此时线程已经有了相应的内存空间和其他资源，实现语句如下：

Thread myThread=new myThreadClass();

这是一个空的线程对象，run()方法还没有执行，若要执行它，系统还需对这个线程进行登记并为它分配 CPU 资源。

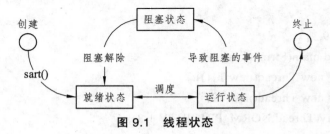

图 9.1 线程状态

2. 就绪状态

该状态也叫可执行状态，当一个被创建的线程调用 start()方法后便进入可执行状态。对应的程序语句为：

myThread.start();   //产生所需系统资源，安排运行，并调用 run()方法

此时该线程处于准备占用处理机运行的状态，即线程已经被放到就绪队列中。只有操作系统调度到该线程时，才真正占用了处理机并运行 run()方法。所以这种状态并不是执行中的状态。

3. 运行状态

当处于可执行状态的线程被调度并获得了 CPU 等执行必需的资源时，便进入到该状态，即运行了 run()方法。

3)阻塞状态

当下面的四种情况之一发生时，线程就会进入阻塞状态：

调用了 sleep(int sleeptime)方法，线程让出 CPU 使用权 sleeptime 毫秒；

调用了 wait()方法，为的是等待一个条件变量；

调用了 suspend()方法；

执行某个操作进入阻塞状态，例如执行输入/输出（I/O）进入阻塞状态。

如果一个线程处于中断状态，那么这个线程暂时无法进入就绪队列。处于中断状态的线程通常需要某些事件才能唤醒，至于由什么事件唤醒该进程，则取决于中断的原因。针对上面四种情况，都有特定的唤醒方法与之对应。对应方法如下：

若调用了 sleep(int sleeptime)方法后，线程处于睡眠状态。该方法的参数 sleeptime 为睡眠时间，单位名称为毫秒。当这个时间过去后，线程进入就绪状态。

若线程在等待一个条件变量，那么想要停止等待的话，需要该条件变量所在的对象调用 notify()或 notifyAll()方法通知线程进入就绪队列等待 CPU 资源。

若线程调用了 suspend()方法，需由其他线程调用 resume()方法来恢复该线程，并进入就绪队列等待执行。

进入阻塞状态时线程不能进入就绪队列，只能等待引起阻塞的原因消除后，线程才能进入队列等待调度。若由于输入/输出发生线程阻塞，则规定的 I/O 指令完成即可恢复线程进入就绪状态。

例 9.4

```
public class Example9.4{
    public static void main(String args[]) {
        Runner3 r = new Runner3();
        Thread t = new Thread(r);
        t.start();
    }
}

class Runner3 implements Runnable {
    public void run() {
```

```
            for(int i=0; i<30; i++) {
                if(i%10==0 && i!=0) {
                    try{
                        Thread.sleep(2000);
                    }catch(InterruptedException e){}
                }
                System.out.println("No. " + i);
            }
        }
}
```

运行过程中，打印到 10 的整数倍时，将停顿 2 秒钟，再打印。（因为这些时刻调用了 Thread.sleep()方法使得当前线程休眠 2 秒）。

5. 终止状态

处于这种状态的线程已经不能够再继续执行了。其中的原因可能是线程已经执行完毕，正常的撤销，即执行 run()方法中的全部语句；也可能是被强行终止，例如，通过执行 stop() 或 destroy()方法来终止线程。

在线程调度过程中还常常用到以下方法：

1）join()

调用某线程的该方法，将当前线程与该线程"合并"，即等待该线程结束，再恢复当前线程的运行。

例 9.5

```
public class Example9.5{
    public static void main(String[] args) {
        MyThread2 t1 = new MyThread2("abcde");
        t1.start();
        try {
            t1.join();
        } catch (InterruptedException e) {}
        for(int i=1;i<=10;i++){
            System.out.println("i am main thread");
        }
    }
}
class MyThread2 extends Thread {
    MyThread2(String s){
        super(s);
    }
```

```
        public void run(){
            for(int i =1;i<=10;i++){
                System.out.println("i am "+getName());
                try {
                    sleep(1000);
                } catch (InterruptedException e) {
                    return;
                }
            }
        }
    }
```

执行结果为：如果出现了 "i am abcde,"则将连续打印 10 行之后，再打印 "i am main thread"。因为，一旦 t1 线程启动起来，主线程将等待 t1 线程执行结束后，才执行自己。相当于 t1 线程加入到了 main 线程的执行队伍中。

2）yield() 静态方法

让出 CPU，阻塞当前线程，当前线程进入就绪队列等待调度（只给同优先级的线程让出 CPU，但让位时间用户无法控制，与 sleep 方法类似）。yield 的对象是当前线程，只能 yield 自己（可理解为，yield 是静态方法，不属于某一个对象，只能 yield 调用它的线程环境）。

例 9.6

```
public class Example9.6{
    public static void main(String[] args) {
        MyThread3 t1 = new MyThread3("t1");
        MyThread3 t2 = new MyThread3("t2");
        t1.start(); t2.start();
    }
}
class MyThread3 extends Thread {
    MyThread3(String s){super(s);}
    public void run(){
        for(int i =1;i<=100;i++){
            System.out.println(getName()+": "+i);
            if(i%10==0){
                yield();
            }
        }
    }
}
```

执行结果是：t1、t2 线程交替打印，其中当前线程打印数为 10 的整数倍时，线程必定切换。

9.5　多线程的互斥与同步

9.5.1　线程互斥

Java 使我们可以创建多个线程，在处理多线程问题时，我们必须注意这样一个问题：当两个或多个线程同时访问同一个变量，并且其中一个线程需要修改这个变量。我们应对这样的问题作出处理，否则可能发生混乱。比如，一个投票系统，计算机程序机票的过程为：将数据库票数字段值查询出来，在该值上加 1 票，再将该值写回数据库。现在有 1 000 人在对某个项目投票，若这 1 000 人投票行为恰好发生在同一时刻，那么按计数过程，1 000 人投票之后，票数仅增加了 1，这是明显的错误。解决方案是，对票数这一个变量的操作，同时只能有一个人操作，其他人等待其操作完毕后才能计票。

Java 处理线程同步的方案有两个：（1）把修改数据的方法用关键字 synchronized 来修饰。一个方法使用关键字 synchronized 修饰后，当一个线程 A 使用这个方法时，其他线程想使用这个方法就必须等待，直到线程 A 使用完该方法。（2）用 synchronized 关键字修饰被修改的数据。当一个线程 A 使用这个数据时，其他线程想使用这个数据就必须等待，直到线程 A 使用完该数据。即使线程对共享资源互斥操作，此标记称为"互斥锁"。

例 9.7
```java
public class Example9.7   implements Runnable {
    Timer timer = new Timer();
    public static void main(String[] args) {
        TestSync test = new TestSync();
        Thread t1 = new Thread(test);
        Thread t2 = new Thread(test);
        t1.setName("t1");
        t2.setName("t2");
        t1.start();
        t2.start();
    }
    public void run(){
        timer.add(Thread.currentThread().getName());
    }
}

class Timer{
    private static int num = 0;
    public synchronized void add(String name){ //方法加锁
        num ++;
        try {Thread.sleep(1);}
```

```
            catch (InterruptedException e) {}
            System.out.println(name+",你是第"+num+"个使用 timer 的线程");
        }
    }
```

Timer 类还可写成如下形式：

```
class Timer{
    private static int num = 0;
        public void add(String name){ //对象加锁
            synchronized (this) {
                num ++;
                 try {Thread.sleep(1);
                }catch (InterruptedException e) {
                }
                System.out.println(name+",你是第"+num+"个使用 timer 的线程");
            }
        }
    }
```

执行结果为：

t1,你是第 1 个使用 timer 的线程
t2,你是第 2 个使用 timer 的线程

若取消对方法或对象加锁，结果为：

t1,你是第 1 个使用 timer 的线程
t2,你是第 1 个使用 timer 的线程

则结果错误。

9.5.2 线程死锁

既然可以上锁，那么假如有 2 个线程，一个线程想先锁对象 1，再锁对象 2，恰好另外有一个线程先锁对象 2，再锁对象 1。在这个过程中，当线程 1 把对象 1 锁好以后，就想去锁对象 2，但是不巧，线程 2 已经把对象 2 锁上了，也正在尝试去锁对象 1，只有线程 1 把 2 个对象都锁上并把方法执行完，并且线程 2 把 2 个对象也都锁上并且把方法执行完毕，那么程序就结束了，但是，谁都不肯放掉已经锁上的对象，所以两个线程就没有结果的等待下去，这种情况就叫做线程死锁。

例 9.8

```
public class Example9.8    implements Runnable {
    public int flag = 1;
    static Object o1 = new Object(), o2 = new Object();
    public void run() {
        System.out.println("flag=" + flag);
```

```java
            if(flag == 1) {
                synchronized(o1) {
                    try {
                        Thread.sleep(500);
                    } catch (Exception e) {
                        e.printStackTrace();
                    }
                    synchronized(o2) {
                        System.out.println("1");
                    }
                }
            }
            if(flag == 0) {
                synchronized(o2) {
                    try {
                        Thread.sleep(500);
                    } catch (Exception e) {
                        e.printStackTrace();
                    }
                    synchronized(o1) {
                        System.out.println("0");
                    }
                }
            }
        }

        public static void main(String[] args) {
            TestDeadLock td1 = new TestDeadLock();
            TestDeadLock td2 = new TestDeadLock();
            td1.flag = 1;
            td2.flag = 0;
            Thread t1 = new Thread(td1);
            Thread t2 = new Thread(td2);
            t1.start();
            t2.start();
        }
}
```

td1 线程在得到 o1 对象的锁之时，td2 对象已取得了 o2 对象的锁，然而，td1 需要取得 o2 对象锁后才能执行完成，同样，td2 需要取得 o1 对象锁后才能执行完成。因此，产生死锁现象。

9.5.3 线程同步

在多线程设计时还有另外一种问题存在：如何控制共享资源的多线程的执行进度，即多线程的同步问题。例如，在堆栈操作中，一个线程要向堆栈中写入数据，它已经将堆栈上了锁，但是堆栈中却没有数据，此时读线程就会等待有人向堆栈中写数据，而它又不把锁打开，写线程就不能进行写操作，这时也会发生死锁状态。下面就介绍解决这种问题的方法，也就是实现线程同步的方法。

Java 通过 wait()和 notify()[或 notifyAll()]方法来实现线程之间的相互协调。Wait()方法可以使不能满足条件的线程释放互斥锁进入等待状态。当其他线程释放资源时，会调用 Notify()[或 notifyAll()]方法再唤醒等待队列中的线程，使其获得回复运行。

下面编写程序使用多线程互斥与同步技术解决堆栈读写操作的问题。

例 9.9：推栈读写操作。

首先创建线程类，包括两个同步并且互斥访问数据的方法。

```java
public class DataStack {                                  //堆栈类
    private int index=0;                                  //下标
    private char data[]=new char[10];                     //数据存储
    public synchronized void push(char c){                //放入数据
        while(index==data.length){                        //同步条件
            try{
                this.wait();                              //等待
            }catch(InterruptedException e){}
        }
        this.notify();                                    //激活线程
        data[index]=c;                                    //放入数据
        index++;                                          //修改下标
        System.out.println("Input data:"+c);              //输出结果
    }
    public synchronized char pop(){                       //取出数据
        while(index==0){                                  //同步条件
            try{this.wait();                              //等待
            }catch(InterruptedException e){}
        }
        this.notify();                                    //激活线程
        index--;                                          //修改下标
        System.out.println("Output data:"+data[index]);   //输出结果
```

```
                return data[index];                    //返回数据
            }
}
```
然后创建使用堆栈的两个线程类 WriterPerson 和 ReaderPerson。

WriterPerson 代码如下：
```
public class WriterPerson extends Thread{            //写入数据的线程
    Datastack stack;
    public WriterPerson(DataStack stack) {  this.stack=stack;  }
    public void run(){
        char c;
        for(int i=0;i<5;i++){
            c=(char)(Math.random()*26+'a');
            stack.push(c);                            //写数据
            try{ this.sleep((int)(Math.random()*500));    //暂停线程 0.5 秒
            }catch(InterruptedException e){e.printStackTrace();}
        }
    }
}
```

ReaderPerson 代码如下：
```
public class ReaderPerson extends Thread{            //读取数据的线程
    DataStack stack;
    public ReaderPerson(DataStack stack) {this.stack=stack;}
    public void run(){
        for(int i=0;i<5;i++){
            stack.pop();//取数据
            try{ this.sleep((int)(Math.random()*1000));   //暂停线程 0.5 秒
            }catch(InterruptedException e){e.printStackTrace();}
        }
    }
}
```

最后创建主类运行程序：
```
public class StackTest {   //主类
    public static void main (String[] args){
        DataStack stack=new DataStack();                  //创建堆栈
        WriterPerson wp=new WriterPerson(stack);          //创建写线程
        ReaderPerson rp=new ReaderPerson(stack);          //创建读线程
        wp.start();//启动线程
        rp.start();
    }
}
```

在上述 Stack 类中利用 push 和 pop 方法来写入和读取数据，增加了 wait()和 notifyAll()功能。这两个方法用来同步线程的执行，除了这两个方法外，notify()方法也可以用于同步。

对于这些方法说明如下：

（1）wait()、notify()和 notifyAll()必须在已经持有锁的情况下执行，所以他们只能出现在 synchronized 作用的范围内。

（2）wait()的作用是释放已经持有的锁，进入等待队列。

（3）notify()的作用是唤醒等待队列中第一个线程并把它移入锁申请队列。

（4）notifyAll()的作用是唤醒等待队列中所有线程并把它们移入锁申请队列。

本章小结

- 线程基本概念；
- 线程调度的常用方法；
- 线程的同步和互斥操作。

习 题

一、选择题

1．编写线程类，要继承的父类是（　　）
A. Object　　　　B. Runnable　　　C. Serializable　　　D. Thread
E. Exception

2．编写线程类，可以通过实现那个接口来实现？（　　）
A. Runnable　　　B. Throwable　　　C. Serializable　　　D. Comparable
E. Cloneable

3．什么方法用于终止一个线程的运行？（　　）
A. sleep　　　　B. join　　　　　C. wait　　　　　D. stop
E. notify

4．一个线程通过什么方法将处理器让给另一个优先级别相同的线程？（　　）
A. wait　　　　B. yield　　　　C. join　　　　　D. sleep
E. stop

5．如果要一个线程等待一段时间后再恢复执行此线程，需要调用什么方法？（　　）
A. wait　　　　B. yield　　　　C. join　　　　　D. sleep
E. stop　　　　F. notify

6．什么方法使等待队列中的第一个线程进入就绪状态？（　　）
A. wait　　　　B. yield　　　　C. join　　　　　D. sleep
E. stop　　　　F. notify

7. Runnable 接口定义了如下哪些方法？（   ）
A. start()   B. stop()   C. resume()   D. run()
E. suspend()

8. 如下代码创建一个新线程并启动线程（   ）
Runnable target=new MyRunnable();
Thread myThread=new Thread(target);
问：如下哪些类可以创建 target 对象，并能编译正确？（   ）
A. public class MyRunnable extends Runnable { public void run(){} }
B. public class MyRunnable extends Object { public void run() {} }
C. public class MyRunnable implements Runnable {public void run() {}}
D. public class MyRunnable extends Runnable {void run() {}}
E. public class MyRunnable implements Runnable {void run() {}}

9. 给出代码如下：
public class MyRunnable implements Runnable
{
    public void run()
    {

    }
}
问在空白处，如下哪些代码可以创建并启动线程？（   ）
A. new Runnable(MyRunnable).start();
B. new Thread(MyRunnable).run();
C. new Thread(new MyRunnable()).start();
D. new MyRunnable().start();

二、简答题

1. 线程和进程有什么区别？
2. Java 创建线程的方式有哪些？

三、编程题

1. 编写一个有两个线程的程序，第一个线程用来计算 2～100 000 之间的素数的个数，第二个线程用来计算 100 000～200 000 之间的素数的个数，最后输出结果。

编程分析：本程序主要考察如何实现多线程编程。

第一步：创建线程类 CalPrime，在该类中实现素数个数的计算。

第二步：在主类的 main()方法中创建线程类对象并启动线程。

2. 编写多线程应用程序，模拟多个人通过一个山洞的模拟。这个山洞每次只能通过一个人，每个人通过山洞的时间为 5 秒，随机生成 10 个人，同时准备过此山洞，显示一下每次通过山洞人的姓名。

第 10 章 网络编程

10.1 计算机网络概念

所谓计算机网络，是指把分布在不同地理区域的计算机用通信线路互连起来的一个具有强大功能的网络系统。通俗的说，计算机网络就是通过电缆、电话线或无线通讯设施等互连的计算机的集合。网络中每台机器称为节点（node），大多数节点是计算机，此外，打印机、路由器、网桥、网关和哑终端等也是节点。

网络上的主机通过网络通信协议进行通信。网络协议指的是通信的计算机双方约定好的规则集合。

10.2 OSI 模型

开放系统互连参考模型（Open System Interconnect 简称 OSI）是国际标准化组织(ISO)和国际电报电话咨询委员会(CCITT)联合制定的开放系统互连参考模型，为开放式互连信息系统提供了一种功能结构的框架。它从低到高分别是：物理层、数据链路层、网络层、传输层、会话层、表示层和应用层。模型如图 10.1 所示。

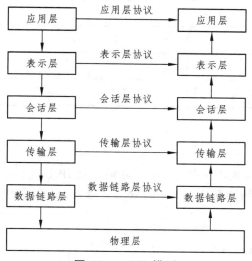

图 10.1 OSI 模型

10.3 TCP/IP 模型

ISO 制定的 OSI 参考模型提出了网络分层的思想，这种思想对网络的发展具有重要的指导意义。TCP/IP 参考模型吸取了网络分层的思想，但是对网络的层次做了简化，并且在网络各层(除了主机-网络层外)都提供了完善的协议，这些协议构成了 TCP/IP 协议集，简称 TCP/IP 协议。TCP/IP 模型与 OSI 模型对照如表 10-1 所示。

表 10-1 TCP/IP 模型与 OSI 模型对照

应用层	应用层
表示层	
会话层	
传输层	传输层
网络层	网络层
数据链路层	数据链路层
物理层	物理层

一般网络通信使用的是 TCP/IP 协议。在实际应用中，TCP/IP 协议分为 4 层，而在每一层又分布着不同的协议，具体如表 10-2 所示。

表 10-2 TCP/IP 协议模型

应用层	Telnet	FTP	SMTP	DNS
				其他协议
传输层	TCP			UDP
网络互联层	IP			
	APP			RARP
网络接口层	Ethernet	Token	Ring	其他协议

10.3.1 网络互联层

网络互联层是整个参考模型的核心。它的功能是把 IP 数据包发送到目标主机。为了尽快地发送数据，IP 协议把原始数据分为多个数据包，然后沿不同的路径同时传递数据包。如图 10.2 所示。

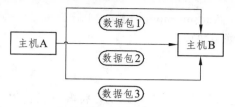

图 10.2　三个数据包沿不同的路径到达主机 B

网络互联层具备连接异构网的功能。如图 10.3 所示显示了连接以太网和令牌环网的方式。网络互联层采用 IP 协议，它规定了数据包的格式，并且规定了为数据包寻找路由的流程。

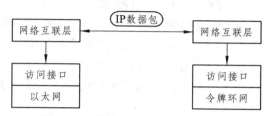

图 10.3　网络互联层连接异构网络

1. IP 协议

IP 网络（即在网络层采用 IP 协议的网）中每台主机都有唯一的 32 位 IP 地址。主机实际上有两个不同性质的地址：物理地址和 IP 地址。物理地址是由主机上的网卡来标识的，物理地址才是主机的真实地址。

IP 是面向包的协议，即数据被分成若干小数据包，然后分别传输它们。IP 网络上的主机只能直接向本地网上的其他主机（也就是具有相同 IP 网址的主机）发送数据包。

当主机 A 向另一个网络上的主机 B 发送包时，主机 A 利用 ARP 协议找到本地网络上的路由器的物理地址，然后把包转发给它。路由器会按照如下步骤处理数据包：

（1）如果数据包的生命周期已到，则该数据包被抛弃。

（2）搜索路由表，优先搜索路由表中的主机，如果能找到具有目标 IP 地址的主机，则将数据包发送给该主机。

（3）如果匹配主机失败，则继续搜索路由表，匹配同子网的路由器，如果找到匹配的路由器，则将数据包转发给该路由器。

（4）如果匹配同子网的路由器失败，则继续搜索路由表，匹配同网络的路由器，如果找到匹配的路由器，则将数据包转发给该路由器。

（5）如果以上匹配操作都失败，就搜索默认路由，如果默认路由存在，则按照默认路由发送数据包，否则丢弃数据包。

IP 协议并不保证一定把数据包送达目标主机，在发送过程中，会因为数据包结束生命周期，或者找不到路由而丢弃数据包。

10.3.2　传输层

传输层的功能是使源主机和目标主机上的进程可以进行会话。在传输层定义了两种服务质量不同的协议，即 TCP（Transmission Control Protocol，传输控制协议）和 UDP（User Datagram Protocol，用户数据报协议）。

1. TCP 协议

TCP 协议是一种面向连接的、可靠的协议。它将源主机发出的字节流无差错的发送给互联网上的目标主机。在发送端，TCP 协议负责把上层传送下来的数据分成报文段并传递给下层。在接收端，TCP 协议负责把收到的报文进行重组后递交给上层。TCP 协议还要处理端到端的流量控制，以避免接收速度缓慢的接收方没有足够的缓冲区来接收发送方发送的大量数据。应用层的许多协议，如 HTTP、FTP 和 TELNET 协议等都建立在 TCP 协议基础上。

IP 协议在发送数据包时，途中会遇到各种事情，例如可能路由器突然崩溃，使包丢失；再如一个包可能沿低速链路移动，而另一个包可能沿高速链路移动而超过前面的包，最后使得包的顺序搞乱。TCP 协议使两台主机上的进程顺利通信，不必担心包丢失或包顺序搞乱。TCP 跟踪包顺序，并且在包顺序搞乱时按正确顺序重组包。如果包丢失，则 TCP 会请求源主机重发包。

2. UDP 协议

UDP 协议是一个不可靠的、无连接协议，主要适用于不需要对报文进行排序和流量控制的场合。UDP 不能保证数据报的接收顺序同发送顺序相同，甚至不能保证它们是否全部到达目标主机。应用层的一些协议，如 SNMP 和 DNS 协议就建立在 UDP 协议基础上。

如果要求可靠的传输数据，则应该避免使用 UDP 协议，而要使用 TCP 协议。

3. 端口号

一台机器只通过一条链路连接到网络上，但一台机器中往往有很多应用程序需要进行网络通信。网络端口号(port)就是用于区分一台主机中的不同应用程序。端口号的范围为 0～65535，其中 0～1023 的端口号一般固定分配给一些知名服务，比如 FTP 服务(21)，SMTP(25) 服务，HTTP(25)服务，135 端口分配给 RPC（远程过程调用）服务等；从 1024～65535 的端口号供用户自定义的服务使用。

客户进程的端口一般由所在主机的操作系统动态分配，当客户进程要求与一个服务器进程进行 TCP 连接时，操作系统为客户进程随机的分配一个还未被占用的端口，当客户进程与服务器进程断开连接，这个端口就被释放。

10.3.3 应用层

TCP/IP 模型将 OSI 参考模型中的会话层和表示层的功能合并到应用层实现。针对各种各样的网络应用，应用层引入了许多协议。基于 UDP 协议的应用层协议主要包括：SNMP（网络管理协议）、DNS。基于 TCP 协议的应用层协议主要包括：FTP、TELNET（虚拟终端协议）、HTTP、HTTPS（安全超文本传输协议）、POP3（邮局协议-版本 3）、IMAP4（Internet 消息访问协议-版本 4）、SMTP。

10.4　Java 网络编程

Java 的网络编程分为 3 个层次：
（1）最高层的网络通信是从网络上下载 Applet。
（2）次一级通信，是通过类 URL 对象指明文件所在位置，并从网络上下载声音和图像文件。
（3）最低一级的通信是利用 java.net 包中提供的类直接在程序中实现网络通信。
针对不同层次的网络通信，Java 提供的网络功能有四大类：URL、InetAddress、Socket、Datagram。

10.4.1　URL

URL(Uniform/Universal Resource Locator，统一资源定位符号)类定义了 WWW 的一个统一资源定位器和可以进行的一些操作。通过 URL 可以访问 Internet 上的各种网络资源。URL 的基本结构由如下 5 部分组成：

<传输协议>：//<主机名>：<端口号>/<文件名>#<引用>

传输协议(protocol)：有 HTTP、FTP、File 等。默认为 HTTP 协议。

主机名(hostname)：指定资源所在的主机名。主机名可以是 IP 地址，也可以是主机的名字或者域名。

端口号(port)：端口号用来区分一个计算机中提供的不同服务，如 Web 服务、FTP 服务等。每一种服务都用一个端口号，范围是 0～65535。在 URL 中，hostname 后面的冒号及端口号是可以省略的，HTTP 的默认端口号是 80。

文件名(filename)：文件名包括该文件的完整路径。在 HTTP 协议中，有一个默认的文件名是 index.html，因此，http://www.google.com 与 http://www.google.com/index.html 两者等价。

引用(reference)：是对资源内的某个引用，如：http://www.google.com/index.html#chapter1.ppt。

URL 类的构造方法：

（1）public URL(String spec)：

使用 URL 字符串构造一个 URL 对象 URL u1=new URL("http://www.cswu.cn");

（2）public URL(String protocol,String host,String file)：

用指定的协议、主机名、文件路径及文件名创建一个 URL 对象；

URL u2=new URL("http","www.cswu.cn","/xxgc/xxgc.html");

（3）public URL(String protocol,String host,int port,String file)：

用指定的协议、主机名、端口号、文件路径及文件名创建一个 URL 对象。第一个 String 类型的参数是协议的类型，可以是 HTTP、FTP 等。第二个 String 类型参数是主机上的某个文件(可以包括目录)，int 类型参数是指定端口号，最后一个参数给出文件名或路径名，例如：

URL u3=new URL("http","www.cswu.cn",80,"/xxgc/xxgc.html");

URL 类中的主要方法如表 10-3 所示。

表 10-3　URL 类中的主要方法

方法名	功能说明
public String getProtocol()	获取该 URL 的协议名
public String getHost()	获取该 URL 的主机名
public int getPort()	获取该 URL 的端口号。若无端口，返回-1
public String getFile()	获取该 URL 中的文件名
public String getContent()	获取传输协议
public String toString()	将 URL 转化为字符串
InputStream openStream()	打开该 URL 的输入流
public String getPath()	获取该 URL 的路径
URLConnection openConnection()	打开由该 URL 标识的位置的连接
void set(string protocol, string host, int prot, string file, string ref)	设置该 URL 的各域的值

利用 URL 获取网络资源步骤如下：
（1）创建 URL 对象；
（2）使用 URL 对象的 openStream()方法，返回一个 InputStream；
（3）从 InputStream 读入。

例 10.1

通过 URL 直接读取网上服务器中的文件内容。利用 URL 访问 http://www.cswu.cn/index.html 文件，即访问重庆城市管理职业学院的网站的 index.html 文件。读取网络上文件内容一般分三个步骤。
（1）创建 URL 类的对象；
（2）利用 URL 类的 openStream()方法获得对应的 InputStream 类的对象；
（3）通过 InputStream 对象来读取文件内容。

代码如下所示：

```
import java.net.*;
import java.io.*;
public class Example10.1{
    public static void main(String args[]){
        String urlname = "http://www.cswu.cn/index.html";
```

```
        if (args.length>0)
              urlname=args[0];
      new App1.display(urlname);
    }
    public void display(String urlname){
      try{
        URL url=new URL(urlname);          //创建 URL 类对象 url
        InputStreamReader in=new InputStreamReader(url.openStream( ));
        BufferedReader br=new BufferedReader(in);
        String aLine;
        while((aLine=br.readLine( ))!=null)    //从流中读取一行显示
          System.out.println(aLine);
      }catch(MalformedURLException murle){
          System.out.println(murle);
        }catch(IOException ioe){
          System.out.println(ioe);
        }
    }
}
```

运行结果：网页 html 文本（具体内容省略）。

10.4.2 URLConnection

虽然通过 URL 类的 openStream()方法能够读取网络上资源中的数据，但是 Java 提供的 URLConnection 类中包含了更加丰富的方法，可以对网络上的资源进行更多的处理。例如，通过 URLConnection 类，既可以从 URL 中读取数据，也可以向 URL 中的资源发送数据。URLConnection 类表示在应用程序和 URL 所标识的资源之间的一个通信连接，它是一个抽象类。

创建 URLConnection 对象之前必须先创建一个 URL 对象，然后通过调用 URL 类提供的 openConnection()方法，就可以获得一个 URLConnection 类的对象。

URLConnection 类中的主要方法如表 10-4 所示。

表 10-4 URLConnection 类中的主要方法

方法名	功能说明
void connect()	建立 URL 连接
Object getContent()	获取该 URL 的内容
int getContentLength()	获取响应数据的内容长度

续表 10-4

方法名	功能说明
String getContentType()	获取响应数据的内容类型
long getDate()	获取响应数据的创建时间
long getExpiration()	获取响应数据的终止时间
InputStream getInputStream()	获取该连接的输入流
long getLastModified()	获取响应数据的最后修改时间
OutputStream getOutputStream()	获取该连接的输出流

例 10.2

```
import java.io.*;
import java.net.*;
import java.util.Date;
class Example10.2{
    public static void main(String args[]) throws Exception {
        System.out.println("starting…");
        int c;
        URL url = new URL("http://www.sohu.com");
        URLConnection urlcon=url.openConnection();
        System.out.println("the data is :" + new Date(urlcon.getDate()));
        System.out.println("content-type:" + urlcon.getContentType());
        inputStream in = urlcon.getInputStream();
        while ((c=in.read()) != -1) {
            System.out.print((char) c);
        }
        in.close();
    }
}
```

10.4.3 InetAddress

在 Java 中通过 InetAddress 类表示 IP 地址，用于实现主机名和 IP 地址之间的转换。InetAddress 类描述了 32 位或 64 位的 IP 地址，并通过它的 2 个子类 Inet4Address 和 Inet6Address 来实现。

之前的 IP 地址，实际上使用 4 个十进制数字表示，相当于 32 位，把这样的 IP 地址称为 IPv4。但是随着网络上主机越来越多，发现 IPV4 地址不够使用，所以又进行了改进产生了 IPv6（64 位）。java.net.InetAddress 类的主要方法如表 10-5 所示。

1. public static InetAddress getLocalHost()

该方法返回一个 InetAddress 对象，这个对象包含了本地机的 IP 地址。当查找不到本地机的地址时，将会抛出一个 UnknownHostException 异常。

2. public static InetAddress getByName (String host)

该方法返回一个由 host 指定的 InetAddress 对象，参数 host 可以是一个主机名，也可以是一个 IP 地址或者一个 DNS 域名。如果找不到指定的主机的 IP 地址，那么该方法将抛出一个 UnknownHostException 异常。

3. public String getHostAddress()

该方法将 IP 地址以网络字节顺序的字节数组的形式返回。由于 IPV4 只有 4 个字节，IPV6 有 16 个字节，如果需要知道数组的长度，可以用数组的 length 字段获得。

4. public String getHostName()

getHostName()方法返回一个字符串形式的主机名字。如果被查询的机器没有主机名，或者如果使用了 Applet，但是它的安全性却禁止查询主机名，则该方法就返回一个具有点分形式的数字 IP 地址。

获得一个 InetAddress 对象后，就可以使用 InetAddress 类的 getAddress()方法获得本机对象的 IP 地址（存放在字节数组中）；使用 getHostAddress()方法获得本机对象的 IP 地址字符串；使用 getHostName()方法获得主机名。

在已知一个 InetAddress 对象时，就可以通过一定的方法从中获取 Internet 上主机的地址（域名或 IP 地址）。由于每个 InetAddress 对象中包括了 IP 地址、主机名等信息，所以使用 InetAddress 类可以在程序中用主机名代替 IP 地址，从而使程序更加灵活，可读性更好。

表 10-5 java.net.InetAddress 类的主要方法

方法名	功能说明
static InetAddress getLocalHost()	获得本地主机的 InetAddress 对象
static InetAddress getByName(String host)	获得通过主机名 host 指定的 InetAddress 对象
String getHostAddress()	以带圆点的字符串形式获取 IP 地址
String getHostName()	获取主机名字

注意：InetAddress 类的构造方法被私有化了，所以不能通过构造方法对其产生实例对象，只能通过其静态方法对其产生实例对象。找不到本地机器的地址时，这些方法通常会抛出 UnknownHostException 异常，所以应该在程序中进行异常处理。

例 10.3：编写一个应用程序，直接查询自己主机的 IP 地址和 Internet 上 WWW 服务器的 IP 地址。

```
import java.net.*;
public class Example10.3{
    InetAddress myIPaddress=null;
    InetAddress myServer=null;
    public static void main(String args[]){
        Example10.3Search=new Example10.3();
        System.out.println("您主机的 IP 地址为:" + Search.MyIP( ));
        System.out.println("服务器的 IP 地址为:" + Search.ServerIP());
    }
    public InetAddress MyIP( )  {     //获取本地主机 IP 地址的方法
    try{       //获取本机的 IP 地址
            myIPaddress=InetAddress.getLocalHost();
    }catch(UnknownHostException e) {   }
        return (myIPaddress);
    }
    public InetAddress ServerIP(){   //获取本机所联服务器 IP 地址的方法
    try{      //获取服务器的 IP 地址
            myServer=InetAddress.getByName("www.tom.com");
    }catch(UnknownHostException e) { }
        return myServer;
    }
}
```

10.4.4 基于连接的 Socket 通信程序设计

套接字（Socket）通信属于网络底层通信，它是网络上运行的两个程序间双向通信的一端，它既可以接受请求，也可以发送请求，利用它可以较方便地进行网络上的数据传输。

套接字（Socket）是 TCP/IP 协议的编程接口，一个 Socket 由一个 IP 地址和一个端口号唯一确定。套接字是网络上运行的两个不同主机的进程间进行双向通信的端点，用于建立两个不同应用程序之间通过网络进行通信的信道。一般来说，位于不同主机的应用进程之间要在网络环境下进行通信，必须要在网络的每一端都要建立一个套接字。两个套接字之间可以是有连接的，也可以是无连接的，并通过套接字的读、写操作实现网络通信功能。

套接字由 IP 地址与端口组成。它既可以接收请求，也可以发送请求，因此利用它可以较为方便地编写网络上数据传输的程序。

根据传输的数据类型不同,套接字可以分为面向连接的数据流套接字(StreamSocket)和无连接的数据报套接字(DatagramSocket)两种类型。

Stream Sockets 套接字用于在主机和 Internet 之间建立可靠的、双向的、持续的、点对点的流式连接。这种流式连接的优点是所有数据都能准确、有序地传送到接收方,缺点是速度较慢。其中,TCP 套接字是面向连接的套接字的代表,UDP 套接字是无连接的数据报套接字的代表。

1. Socket 类

客户端可以通过构造一个 Socket 类对象来建立与服务器的连接。基于 Socket 的连接可以是流连接,也可以是数据报连接。Socket 类的常用构造方法有如下 3 种:

(1) Socket():创建一个套接字对象,该对象不请求任何连接。
(2) Socket(String host, int port):创建一个 Socket 对象,请求与 host 指定的服务器通过 port 端口建立连接。
(3) Socket(InetAddress int):创建一个连接指定 Internet 地址、端口的流式 Socket 类对象。

Socket 类的主要方法如表 10-6 所示。

表 10-6 Socket 类的主要方法

方法名	功能说明
void close()	关闭 Socket 连接
InetAddress getInetAddress()	获取当前连接的远程主机的 Internet 地址
InputStream getInputStream()	获取 Socket 对应的输入流
InetAddress getLocalAddress()	获取本地主机的 Internet 地址
int getLocalPort()	获取本地连接的端口号
OutputStream getOutputStream()	获取该 Socket 的输出流
int getPort()	获取远程主机端口号
void shutdownInput()	关闭输入流
void shutdownOutput()	关闭输出流

2. ServerSocket 类

ServerSocket 类用在服务器端,用来监听所有来自指定端口的连接,并为每个新的连接创建一个 Socket 对象,之后客户端便可以与服务器端开始通信了。ServerSocket 与 Socket 关系如图 10.4 所示。

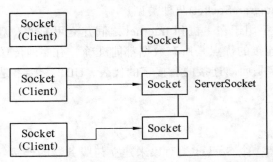

图 10.4　ServerSocket 与 Socket 关系

ServerSocket 类的几个构造方法如下：
（1）ServerSocket(int port)：在指定端口上创建一个 ServerSocket 类对象。
（2）ServerSocket(int port, int backlog)：在指定端口上创建一个 ServerSocket 类对象，并进入监听状态，第二个 int 类型的参数 backlog 是服务器忙时保持连接请求的等待客户数量。
（3）ServerSocket(int port, int backlog, InetAddress bindAddr)：使用指定的端口和要绑定到的服务器 IP 地址创建一个 ServerSocket 类对象，并进入监听状态。

ServerSocket 类方法如表 10-7 所示。

表 10-7　ServerSocket 类主要方法

方法名	功能说明
Socket accept()	接收该连接并返回该连接的 Socket 对象
void close()	关闭此服务器的 Socket
InetAddress getInetAddress()	获取该服务器 Socket 所绑定的地址
int getLocalPort()	获取该服务器 Socket 所侦听的端口号
int getSoTimeout()	获取连接的超时数
void setSoTimeout(int timeout)	设置连接的超时数，参数表示 ServerSocket 的 accept() 方法等待客户连接的超时时间。如果参数值为 0，表示永远不会超时进入阻塞状态，这也是它的默认值

3. Java 编写 TCP 网络程序

首先，在服务器端构造一个 ServerSocket 类，在指定端口上进行监听，这时服务器的线程处于等待状态。其次在客户端构造 Socket 类，与服务器上的指定端口进行连接。服务器监听到连接请求后，就可在两者之间建立连接。最后连接建立之后，还必须进行输入、输出流的连接才能开始进行通信。通信过程模型如图 10.5 所示。

通信的一般步骤如下：

（1）服务器程序创建一个 ServerSocket 对象，然后调用 accept()方法等待客户端建立连接；

（2）客户端程序创建一个 Socket 对象，并请求与服务器建立连接；

（3）建立连接后，可以用 Socket 类的 getInputStream()和 getOutputStream()方法获得读写数据的输入/输出流；

（4）通信结束后,双方调用 Socket 类的 close 方法断开连接。

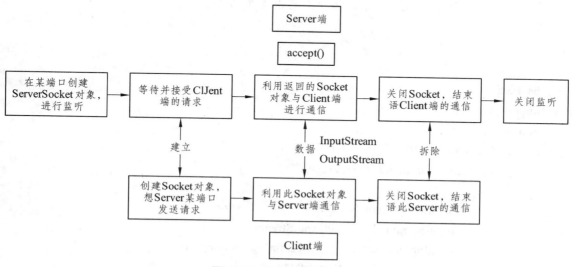

图 10.5 Socket 通信过程

创建 ServerSocket 对象时，需要的只是一个端口号和 IP 地址。如果服务器就设定在本地，则不需要 IP 地址。调用 accept()方法时，服务器端进入阻塞状态，等待客户端的请求，直到有一个客户启动并请求连接到相应的服务器端口。

在通信时，由 Socket 对象可以得到与之相关联的一个网络输入流和网络输出流。如果一个进程要通过网络向另一个进程发送数据，只需要写入与 socket 相关联的输出流。同样，如果一个进程要读取另一个进程发送过来的数据，则可以从与 socket 相关联的输入流中读取。

例 10.4

```
import java.net.*;
import java.io.*;
public class Example10.4{ //服务器端，必须先于客户端启动
    public static void main(String args[]) {
        try {
            ServerSocket s = new ServerSocket(8888);
            while (true) {
                Socket s1 = s.accept();
                OutputStream os = s1.getOutputStream();
                DataOutputStream dos = new DataOutputStream(os);
```

```
                dos.writeUTF("Hello," + s1.getInetAddress() +
                        "port#" +s1.getPort() + "   bye-bye!");
                dos.close();
                s1.close();
            }
        }catch (IOException e) {
            e.printStackTrace();
            System.out.println("程序运行出错:" + e);
        }
    }
}
```

例 10.5
```
import java.net.*;
import java.io.*;
public class Example10.5{      //客户端
    public static void main(String args[]) {
        try {
            Socket s1 = new Socket("127.0.0.1", 8888);
            InputStream is = s1.getInputStream();
            DataInputStream dis = new DataInputStream(is);
            System.out.println(dis.readUTF());
            dis.close();
            s1.close();
        } catch (ConnectException connExc) {
            connExc.printStackTrace();
            System.err.println("服务器连接失败！");
        } catch (IOException e) {
            e.printStackTrace();
        }
    }
}
```

首先启动服务器端程序，然后启动客户端程序，客户端程序打印结果如图 10.6 所示。服务器端运行效果如图 10.7 所示。

```
C:\>java TestClient
Hello,/127.0.0.1port#64461   bye-bye!

C:\>
```

图 10.6 客户端运行效果

```
C:\>javac TestServer.java
C:\>java TestServer
```

图 10.7　服务器端运行效果

4. Java 编写 UDP 网络程序

UDP 协议不保证消息的可靠传输，它们由 Java 技术中的 DatagramSocket 和 DatagramPacket 类支持。UDP 服务器端编程步骤如图 10.8 所示：

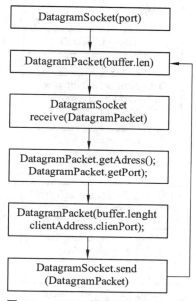

图 10.8　UDP 服务器端编程步骤

（1）创建绑定了端口号的 socket 。
（2）准备一个数据包去接受客户端传递过来的信息。
（3）从 socket 接收信息，并存储在刚才准备好的数据包中。
（4）获得客户端的 IP 地址 。
（5）准备一个要向客户端发送数据的数据包。
（6）将数据包中的信息发送到客户端。
（7）重复 2～6 步。

例 10.6

```
import java.net.*;
import java.io.*;
public class Example10.6{        //UDP 服务器端
    public static void main(String args[]) throws Exception{
        byte buf[] = new byte[1024];
        DatagramPacket dp = new DatagramPacket(buf, buf.length);
        DatagramSocket ds = new DatagramSocket(5678);
```

```
        while(true){
            ds.receive(dp);
            ByteArrayInputStream bais = new ByteArrayInputStream(buf);
            DataInputStream dis = new DataInputStream(bais);
            System.out.println(dis.readLong());
        }
    }
}
```

UDP 客户端编程步骤如图 10.9 所示。

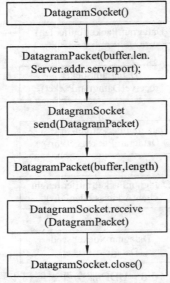

图 10.9 UDP 客户端编程步骤

（1）创建一个数据包对象。
（2）创建一个包含了服务器端 IP 地址信息和传递信息的数据包。
（3）把包含了信息的数据包传递到服务器端。
（4）创建一个准备接收服务器端数据的数据包。
（5）从服务器端接受信息，并且将信息存储在数据包中。
（6）关闭 socket 数据包。

例 10.7

```
import java.net.*;
import java.io.*;
public class Example10.7{ //UDP 客户端
    public static void main(String args[]) throws Exception{
        long n = 10000L;
        ByteArrayOutputStream baos = new ByteArrayOutputStream();
```

```
            DataOutputStream dos = new DataOutputStream(baos);
            dos.writeLong(n);
            byte[] buf = baos.toByteArray();
    System.out.println(buf.length);
            DatagramPacket dp = new DatagramPacket(buf, buf.length,
                    new InetSocketAddress("127.0.0.1", 5679));
            DatagramSocket ds = new DatagramSocket(9999);
            ds.send(dp);
            ds.close();
        }
    }
```

Example10.6、Example10.7 运行结果如图 10.10、图 10.11 所示。

图 10.10　UDPServer 端运行效果

图 10.11　UDPClient 端运行效果

本章小结

本章主要介绍如何使用 Java 进行网络编程，首先讨论相关网络协议的基础知识，然后介绍如何通过 Socket 使用 UDP 和 TCP/IP 协议在网络上两个应用程序之间进行数据交换。

习　题

一、选择题

1. Java 提供的类（　　）来进行有关 Internet 地址的操作。

A. Socket　　　　　B. ServerSocket　　　　C. DatagramSocket　　　　D. InetAddress

2. InetAddress 类中哪个方法可实现正向名称解析？（　　）

A. isReachable()　　B. getHostAddress()　　C. getHostName()　　D. getByName()

3. 为了获取远程主机的文件内容,当创建URL对象后,需要使用哪个方法获取信息( )
   A. getPort()　　　　B. getHost()　　　　C. openStream()　　　　D. openConnection()
4. java程序中,使用TCP套接字编写服务端程序的套接字类是( )。
   A. Socket　　　　B. ServerSocket　　　　C. DatagramSocket　　　　D. DatagramPacket
5. ServerSocket的监听方法accept()的返回值类型是( )。
   A. void　　　　B. Object　　　　C. Socket　　　　D. DatagramSocket
6. ServerSocket的getInetAddress()的返回值类型是( )。
   A. Socket　　　　B. ServerSocket　　　　D. InetAddress　　　　D. URL
7. 当使用客户端套接字Socket创建对象时,需要指定( )。
   A. 服务器主机名称和端口　　　　B. 服务器端口和文件
   C. 服务器名称和文件　　　　D. 服务器地址和文件
8. 使用流式套接字编程时,为了向对方发送数据,则需要使用哪个方法( )?
   A．getInetAddress()　　　　B. getLocalPort()
   C. getOutputStream()　　　　D. getInputStream()
9. 使用UDP套接字通信时,常用哪个类把要发送的信息打包?( )
   A. String　　　　B. DatagramSocket
   C. MulticastSocket　　　　D. DatagramPacket
10. 使用UDP套接字通信时,哪个方法用于接收数据?( )
    A. read()　　　　B. receive()　　　　C. accept()　　　　D. Listen()
11. 若要取得数据包中的源地址,可使用下列哪个语句?( )
    A. getAddress()　　　　B. getPort()　　　　C. getName()　　　　D.getData()

二、填空题

1．URL是_____的简称,它表示Internet/Intranet上的资源位置。这些资源可以是一个文件、一个_____或一个_____。

2．每个完整的URL由四部分组成:_____、_____、_____以及_____。

3．两个程序之间只有在_____和_____方面都达成一致时才能建立连接。

4．使用URL类可以简单方便地获取信息,但是如果希望在获取信息的同时,还能够向远方的计算机节点传送信息,就需要使用另一个系统类库中的类_____。

5．Socket称为_____,也有人称为"插座"。在两台计算机上运行的两个程序之间有一个双向通信的链接点,而这个双向链路的每一端就称为一个_____。

6．Java.net中提供了两个类:_____和_____,它们分别用于服务器端和客户端的socket通信。

7．URL和Socket通信是一种面向_____的流式套接字通信,采用的协议是_____协议。UDP通信是一种_____(有连接/无连接)的数据报通信。

8．Java.net软件包中的_____类和_____类为实现UDP通信提供了支持。

9. _____和_____是 DatagramSocket 类中用来实现数据报传送和接收的两个重要方法。

三、简答题

1. 套接字作用是什么？端口有什么意义？
2. 客户端和服务器端通过套接字通讯，描述基于有连接和无连接通讯时的流程图。
3. 什么是 URL？一个 URL 由哪些部分组成？

四、编程题

设服务器端程序监听端口为 8629，当收到客户端信息后，首先判断是否是"BYE"，若是，则立即向对方发送"BYE"，然后关闭监听，结束程序。若不是，则在屏幕上输出收到的信息，并由键盘上输入发送到对方的应答信息。请编写程序完成此功能。

第 11 章 图形用户界面（GUI）

11.1 图形用户界面概述

计算机程序按照运行界面的效果分为字符界面和图形界面，随着 Windows 操作系统的流行，图形用户界面（Graphics User Interface,GUI）已经成为趋势，它使得用户与计算机的交互变得直观而形象。所以，对于一个优秀的应用程序来说，良好的图形用户界面是非常重要的。在 Java 中，Java.awt 和 Javax.swing 包提供了可以实现图形用户界面的各种组件。

1. java.awt 包

Java.awt 包又被称为抽象窗口工具集（Abstract Windows Toolkit），是使用 Java 进行 GUI 设计的基础。在早期的 Java 版本中，Java.awt 包提供了大量进行 GUI 设计需要的类和接口。这些类和接口主要用来创建图形用户界面，此外还可进行事件处理、数据传输和图像操作等。但由于处理组件的数量和质量规模都很小，所以在组件体系结构设计上存在缺陷，随着人们对 GUI 设计要求的不断提高，这些问题越来越突出。

2. Javax.swing 包

为了解决 AWT 所带来的问题，在 JDK1.1 中出现了第二代 GUI 设计工具 Swing 组件，"Swing" 是开发新组件的项目代码名。Swing 组件用一种全新的方式来绘制组件，除了几个容器 JApplet、JDialog、JFrame、JWindows 以外，其他组件都是轻量级组件。而 AWT 的组件一律都是重量级组件，轻量级组件不依赖于本地的窗口工具包，因此 AWT 和 Swing 组件一般不混用。Swing 组件尽管在速度上有些慢，但是能够做到完全的平台独立，真正地实现了"一次编译，到处执行"。使用 Swing 组件设计出的图形用户界面程序在感官上给人一种全新的感觉。

Swing 的体系结构完全基于 MVC 组件体系结构。所谓 MVC 是指"模型—视图—控制器"。模型（M）维护数据，提供数据访问方法；视图（V）展示数据，提供数据的表现形式；控制器（C）控制执行流程，提供对用户动作的响应。在使用 Swing 包所形成的用户界面中，控制器从键盘和鼠标接收用户动作，视图刷新显示器内容，模型表示界面数据。

Swing 组件存放在 Javax.swing 包中。Swing 包是在 AWT 包的基础上创建的，几乎所有的 AWT 组件对应有新的功能更强的 Swing 组件，只是在名称前面多了一个字母"J"。例如：AWT 中，按钮、标签、菜单组件分别为 Botton、Lable、Menu，而 Swing 中，对应组件分别为 JBotton、JLable、JMenu。本章简要介绍使用 AWT 组件创建图形用户界面的过程和方法。

通过图形用户界面，使用户和程序之间可以方便地进行交互。Java 的抽象窗口工具包

AWT 中包含了许多类来支持 GUI 设计。AWT 由 Java 的 Java.awt 提供，该包中有许多用来设计 GUI 的组件类，如按钮、菜单、列表、文本框等组件类，同时它还包含窗口、面板等容器类。在学习 GUI 编程时，必须很好地理解掌握两个概念，Java.awt 包中一部分类的层次关系如图 11.1 所示。

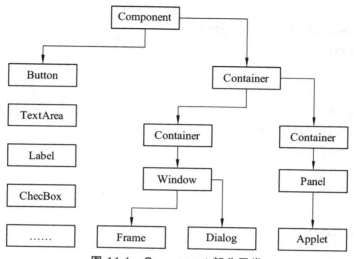

图 11.1 Component 部分子类

Button, Scrollbar, Canvas, List, Checkbox, TextField, TextArea, Label 类是包 Java.awt 中的类，并且是 Java.awt 包中的 Component 组件的子类。Java 中由 Component 类的子类或间接子类创建的对象为一个组件或者容器，可以向容器添加组件。Component 类提供了一个 public 方法 add( )，一个容器可以调用这个方法将组件添加到该容器中。

容器调用 removeAll()方法可以移掉容器中的全部组件，调用 remove(Component c)方法可以移掉容器中参数指定的组件。

每当容器添加新的组件或移掉组件时，应当让容器调用 validate()方法，以保证容器中的组件能正确显示出来。

注意到容器本身也是一个组件，因此你可以把一个容器添加到另一个容器中实现容器的嵌套。

在图 11.1 中需要注意的是，Applet 类不是包 Java.awt 中的类。图 11.1 中只是说明它是 Panel 的子类，是 Container 的间接子类。它是包 Java.applet 中的类，不同包中的类可以有继承关系。

11.2 Java Applet 基础

一个 Java Applet 程序中必须有一个类是 Applet 类的子类。称该子类是 Java Applet 的主类，并且主类必须修饰为 public 的。Applet 类是包 Java.applet 中的一个类，同时它还是包 Java.awt 中 Container 容器类的子类，因此 Java Applet 的主类的实例是一个容器。

Java Applet 程序通过浏览器来执行,因此它和 Java 应用程序有许多不同之处。下面我们通过一个例子来说明一个 Java applet 的全过程。

例 11.1

```java
import Java.applet.*;
import Java.awt.*;
public class Example11.1 extends Applet{
    Button button1;
    Button button2;
    int sum;
    public void init(){
        button1=new Button("yes");
        button2=new Button("No");
        add(button1);
        add(button2);
    }
    public void start(){
        sum=0;
        for(int i=1;i<=100;i++){
            sum=sum+i;
        }
    }
    public void stop() { }
    public void destroy(){ }
    public void paint(Graphics g){
        g.setColor(Color.blue);
        g.drawString("程序设计方法",20,60);
        g.setColor(Color.red);
        g.drawString("sum="+sum,20,100);
    }
}
```

1. 编译 Applet

D:\Java>\Javac TestApplet.Java

编译成功后,文件夹 Java 下会生成一个 TestApplet.class 文件。如果源文件有多个类,将生成多个 class 文件,都和源文件在同一文件夹里。

2. 运行 Applet

Java Applet 必须由浏览器来运行,因此我们必须编写一个 html 文件,其中含有 applet 标记,告诉浏览器来运行这个 Java Applet。

下面是一个最简单的一个 html 文件,告诉浏览器运行我们的 Java Apple。使用记事本编辑如下一个超文本文件,并保存在 D:\Java 目录下,命名为 TestApplet.html。

<applet code=TestApplet.class height=180 width=300>
</applet>

1）超文本中的标记

<apple ... > 和</applet> 告诉浏览器将运行一个 Java Applet,code 告诉浏览器运行哪个 Java Applet。code 后面是主类的字节码文件。

一个 Java Applet 的执行过程称为这个 Java Applet 的生命周期。一个 Java Applet 的生命周期内涉及如下方法，这些方法也正是一个完整的 Java Applet 所包含的，它们是 init ()，start()，stop()，destroy，paint(Graphics g) 方法。

2）对象创建

我们已经知道类是对象的模板，那么 Java Applet 的主类的对象是由谁创建的呢?这些方法又是怎样被调用执行的呢？

当浏览器打开超文本文件 TestApplet.html，发现有 applet 标记时，将创建主类 TestApplet 的一个对象，如图 11.2 所示的灰色部分。它的大小由超文本文件 TestApplet.html 中的 width 和 height 来确定。由于 Applet 类也是 Container 的间接子类，因此，主类的实例也是一个容器，容器应有相应的坐标系统，单位是像素，原点是容器的左上角。容器可以使用 add()方法放置组件。

注：Applet 为 Panel 子类，Applet 容器中如无任何组键，则只显示灰色的区块

图 11.2 主类对象

3）初始化： init()

这个对象首先自动调用 init()方法完成必要的初始化工作。初始化的主要任务是创建所需要的对象，设置初始状态，装载图像，设置参数等。init()方法格式如下

public void init(){
……
}

init()方法只被调用执行一次。该方法是父类 Applet 中的方法，TestApplet.Java 重写了这个方法。

4）启动 :start()

初始化之后,仅接着自动调用 start()方法。在程序的执行过程中，init()方法只被调用执行一次，但 start()方法将多次被自动调用执行。除了进入执行过程时调用方法 start()外，当用户从 applet 所在的 Web 页面转到其他页面然后又返回时,start()将再次被调用，但不再调用 init() 方法。start()方法的格式如下：

public void start(){

……
}

该方法是父类 Applet 中的方法，TestApplet.Java 重写了这个方法。

5）停止：stop()

当浏览器离开 Java Applet 所在的页面转到其他页面时，stop()方法被调用。如果浏览器又回到此页，则 start()又被调用来启动 Java Applet。在 Java Applet 的生命周期中，stop()方法也可以被调用多次。如果你在小程序中设计了播放音乐的功能，那么，如果你没有在 stop()方法中给出停止播放它的有关语句，当离开此页去浏览其他页时，音乐将不能停止。如果没有定义 stop()方法，当用户离开 Java Applet 所在的页时，Java Applet 将继续使用系统的资源。

若定义了 stop()方法，则可以挂起 applet 的执行。stop()方法的格式为：

public void stop(){

……

}

该方法是父类 Applet 中的方法，TestApplet.Java 重写了这个方法。

6）删除：destroy()

当浏览器结束浏览时，执行 destroy()方法，结束 applet 的生命。该方法是父类 Applet 中的方法，不必重写这个方法，直接继承即可。

7）描绘 paint(Graphics g)

paint(Graphics g)方法可以使一个 applet 在屏幕上显示某些信息，如文字、色彩、背景或图像等，在 applet 的生命周期内可能多次地被随机的调用。例如，当 applet 被其他页面遮挡，然后又重新放到最前面，改变浏览器窗口的大小以及 applet 本身需要显示信息时，paint()方法都会被自动调用。与上述 4 种方法不同的是，paint()方法有一个参数 g，浏览器的 Java 运行环境产生一个 Graphics 类的实例，并传递给方法 paint 中的参数 g。因此，不妨就把 g 理解为一个画笔。该方法是 Component 中的方法，TestApplet.Java 重写了这个方法。

主类创建的容器对象调用 init，start，paint 方法之后，出现如图 11.3 的效果。

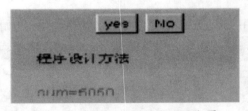

图 11.3 调用 init,start,paint 之后

11.3 Frame 类

Frame 是 Windows 的子类，由 Frame 或其子类创建的对象为一个窗体。

Frame 的常用构造方法：

Frame（String s）创建标题

成员函数如下：setBounds（int x,inty,int width,int height）：设置窗体位置和大小，x，y 是左上角坐标，width 和 height 是宽度和高度。

setSize(int width，int height)：设置的大小，width 为宽度，height 为高度。

setLocation(int x, int y)：设置位置，x y 为左上角的坐标。

setBackGround(Color c)：设置背景颜色，c 为 Color 的对象。

setVisible(boolean b)：设置是否可见。

setTitle(String name)：设置标题。

setResizable(boolean b)：设置是否可以调整大小。

例 11.2

```
import Java.awt.*;
public class Example11.2{
    public static void main(String args[]){
        Frame f = new Frame("Java Gui");
        f.setLayout(null);
        Button b = new Button("Button1");
        f.add(b);
        b.setLocation(47,70);
        b.setSize(60,25);
        f.setSize(150,150);
        f.setBackground(new Color(90,145,145,200));
        f.setVisible(true);
    }
}
```

Frame 类属于 Java.awt 包，该类对象为可以自由停泊的窗体。是 Container 的子类，因此，可以加入 Component 对象。

11.4 布局管理器

11.4.1 布局管理器简介

布局管理器负责控制组件在容器中的布局。Java 语言提供了多种布局管理器，主要有 FlowLayout、BorderLayout、GridLayout、CardLayout、GridBagLayout 等。

每一种容器都有自己的默认布局管理器。容器 Panel 的默认布局管理器是 FlowLayout。而容器 JFrame、JDialog 和 JApplet 在定义的时候实现了 RootPaneContainer 接口，从而这些容器有 4 个部分：ClassPane、JLayeredPane、ContentPane 和 JMenuBar。向这些容器中添加组件时必须要添加到容器的 ContentPane 部分中。ContentPane 又叫做内容窗格，内容窗格的默认布局管理器是 BorderLayout。

为各种容器设置布局管理器都是用 Component 类的方法 setLayout（布局管理器对象）来

实现的。向设置了布局管理器的容器中添加组件都使用方法 add（参数），其中所用的参数随着布局管理器的不同而不同。

下面详细介绍几种常用布局管理器。

11.4.2 FlowLayout 布局管理器

FlowLayout 又叫做流式布局管理器，是一种最简单的布局管理器。在这种布局管理器中，组件一个接一个从左至右、从上到下一排一排地依次放在容器中。FlowLayout 默认为居中对齐。当容器的尺寸变化时，组件的大小不会改变，但是布局会发生改变。

FlowLayout 布局管理器是 JPanel 的默认布局管理器,可以在其构造方法中设置对齐方式、横纵间距等。构造方法有以下 3 种：

FlowLayout()：无参数，默认居中对齐，组件间间距为 5 个像素单位。

FlowLayout（int align）：可以设置对其方式，默认组件间间距为 5 个像素单位。

FlowLayout（int align,int hgap,int vgap）：可以设置对齐方式、水平间距、垂直间距。

参数说明：

align：对齐方式,有 3 个静态常量取值 Flowlayout.LEFT、FlowLayout.CENTER FlowLayout.RIGHT，分别表示左、中、右。

hgap：水平间距。以像素为单位。

vgap：垂直间距。以像素为单位。

要给一个容器设置 FlowLayout 布局管理器，可以使用 SetLayout(FlowLayout 对象)方式实现。向使用 FlowLayout 布局的容器中添加组件，可以直接使用 add()方法，格式为：

add（组件名）；

例 11.3

```
import Java.awt.*;
public class Example11.3{
    public static void main(String args[]) {
        Frame f = new Frame("Flow Layout");
        Button button1 = new Button("Ok");
        Button button2 = new Button("Open");
        Button button3 = new Button("Close");
        f.setLayout(new FlowLayout(FlowLayout.LEFT));
        f.add(button1);
        f.add(button2);
        f.add(button3);
        f.setSize(100,100);
        f.setVisible(true);
    }
```

运行结果如图 11.4 所示。

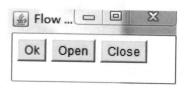

图 11.4　使用 FlowLayout 布局管理器

11.4.3　BorderLayout 布局管理器

BorderLayout 又叫边界布局管理器，是比较通用的一种布局管理器。这种布局管理器将容器板面分为 5 个区域：北区、南区、东区、西区和中区，遵循"上北下南，左西右东"的规律。5 个区域分别可以用 5 个常量 NORTH、SOUTH、EAST、WEST、CENTER 来表示。当容器的尺寸变化时，组件的相对位置不会改变，NORTH 和 SOUTH 组件高度不变，宽度改变，EAST、WEST 组件宽度不变，高度改变，中间组件尺寸变化。BorderLayout 布局管理器是 JFrame、JApplet 和 JDialog 内容窗格的默认布局管理器。

BorderLayout 的构造方法有：

BorderLayout()：无参数，默认组件间无间距。

BorderLayout(int hgap,int vgap)：可以设置组件的水平间距，垂直间距。

参数说明：

hgap：水平间距。

vgap：垂直间距。

为容器设置 BorderLayout 管理器使用 setLayout(BorderLayout 对象)方法实现。使用 BorderLayout 布局的容器中添加组件使用 add()方法时，注意必须指明所添加组件的区域，使用 add()方法的一般格式为：

Add（组件名,区域常量）；或 add（区域常量，组件名）；

例 11.4

```
import Java.awt.*;
public class Example11.4{
    public static void main(String args[]) {
        Frame f;
        f = new Frame("Border Layout");
        Button bn = new Button("BN");
        Button bs = new Button("BS");
        Button bw = new Button("BW");
        Button be = new Button("BE");
        Button bc = new Button("BC");
        f.add(bn, "North");
        f.add(bs, "South");
        f.add(bw, "West");
```

```
        f.add(be, "East");
        f.add(bc, "Center");
        // 也可使用下述语句
        /*
        f.add(bn, BorderLayout.NORTH);
        f.add(bs, BorderLayout.SOUTH);
        f.add(bw, BorderLayout.WEST);
        f.add(be, BorderLayout.EAST);
        f.add(bc, BorderLayout.CENTER);
        */
        f.setSize(200,200);
        f.setVisible(true);
    }
}
```

程序运行结果如图 11.5 所示。

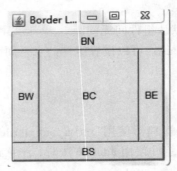

图 11.5 使用 BorderLayout 布局管理器

11.4.4 GridLayout 布局管理器

GridLayout 称为网格布局管理器，这种布局管理器将容器划分成规则的网格，可以设置行列，每个网格大小相同。添加组件是按照先行后列的顺序依次添加到网格中，当容器尺寸变化时，组件的相对位置不变，大小变化。

GridLayout 的构造方法有以下 3 种：

GridLayout()：无参数，单行单列。

GridLayout(int rows,int cols)：设置行数和列数。

GridLayout(int rows,int cols,int hgap,int vgap)：设置行数列数，组件的水平间距，垂直间距。

参数说明：

rows：行数。

cols：列数。

hgap：水平间距。

vgap：垂直间距。

GridLayout 不是任何一个容器的默认布局管理器，所以设置时必须使用 setLayout(GridLayout 对象)方法。

向使用 GridLayout 布局的容器中添加组件时使用 add()方法，每个网格都必须添加组件，所以添加时按照顺序（先行后列）进行。add()方法语法格式为：

add(组件名);

例 11.5

```
import Java.awt.*;
public class Example11.5{
    public static void main(String args[]) {
        Frame f = new Frame("GridLayout Example");
        Button b1 = new Button("b1");
        Button b2 = new Button("b2");
        Button b3 = new Button("b3");
        Button b4 = new Button("b4");
        Button b5 = new Button("b5");
        Button b6 = new Button("b6");
        f.setLayout (new GridLayout(3,2));
        f.add(b1);
        f.add(b2);
        f.add(b3);
        f.add(b4);
        f.add(b5);
        f.add(b6);
        f.pack();
        f.setVisible(true);
    }
}
```

程序运行结果如图 11.6 所示。

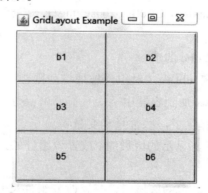

图 11.6　使用 GridLayout 布局管理器

11.4.5 CardLayout 布局管理器

CardLayout 称为卡片布局管理器,它的特点是像一摞纸牌一样,多个组件重叠,放在容器中,只有最上面的组件可见。它能够实现多个组件在同一容器区域内交替显示。要注意的是,一张卡片空间中只能显示一个组件,若要显示多个组件,可以采用容器嵌套的方式。

CardLayout 构造方法有:

CardLayout():无参数,默认无间距。

CardLayout (int hgap,int vgap):可以设置水平间距、垂直间距。

参数说明:

Hgap:水平间距。

Vgap:垂直间距。

使用 setLayout(CardLayout 对象)方法为容器设置 CardLayout 布局。

向使用 CardLayout 布局的容器中添加组件时,为了调用不同的卡片组件,可以为每个卡片组件命名,使用 add()方法实现,格式为:

add(名称字符串,组件名);或 add(组件名,名称字符串);

可以使用 next()方法顺序地显示每个卡片,也可以使用 first()方法选取第一张卡片,last()方法选取最后一张卡片。

11.4.6 GridBagLayout 布局管理器

GridBagLayout(网袋布局)是最复杂最灵活的,也是最有用的一种布局管理器。该布置管理器也是将容器划分成网格,组件按照行列放置,但每个组件所占的空间可以不同,通过施加空间限制使得组件能够跨越多个网格放置。

GridBagLayout 布局中组件的位置比较复杂,所以又引入了一个对组件施加空间限制的辅助类 GridBagConstraints。在 GridBagLayout 容器中添加组件前,先设置对组件的空间限制,GridBagConstraints 可以一次创建,多次使用,为容器设置 GridBagLayout 布局的基本步骤为:

(1) GridBagLayout gbl=new GridBagLayout();//创建 GridBagLayout 的对象

(2) GridBagConstraints gbc=new GridBagConstraints();   //创建空间限制 GridBag Constraints 的对象……

(3) // 生成组件,并设置 gbc 的值

(4) gbl.setConstraints(组件,gbl);   //对组件施加空间限制

(5) add(组件);   //将组件添加到容器中

类 GridBagConstraints 中提供了一些常量和变量:

anchor:设置组件,当小于其显示的区域时,放置该组件的位置。取值为 CENTER、EAST 等,默认值为 CENTER。

fill:设置组件,当小于其显示的区域时,是否改变组件尺寸及改变组件尺寸的方法。取

值为 NORTH、HORIZONTAL(水平方向填满显示区)、VERTICAL(垂直方向填满显示区)或 BOTH（水平、垂直方向填满显示区），默认值为 NONE。

　　gridwidth 和 gridheight：设置组件所占的行数和列数。取值为 REMAINDER（设置组件为该行或该列最后一个组件）、RELATIVE（设置组件紧挨该行或该列最后一个组件）或整形数值，默认值都为 1。

　　gridx 和 gridy：设置组件，显示区域左端或上端的单元。取值为 0，是左端或最上端的单元，取值为 RELATIVE，是把组件放在前面最后一个组件的右端或下端，默认值为 RELATIVE。

　　insets：设置组件与其显示区域的间距，值上下左右都为 0 时，组件占满整个显示区域。具体设置可以生成 Insets 类的对象进行赋值：new insets(0,0,0,0)。

　　ipadx 和 ipady：设置组件的大小与最小尺寸之间的关系，组件的宽度为 ipadx*2，组件的高度为 ipady*2，单位是像素，默认值为 0。

　　weightx 和 weighty：当容器尺寸变大时，设置如何为组件分配额外空间。取值为 double 类型，从 0.0 到 1.0，指从大小不变到占满所有额外空间的份额，默认值为 0.0。

例 11.6

```
import Java.awt.*;
import Java.util.*;
import Java.applet.Applet;
public class Example11.6    extends Applet {
    protected void makeButton(String name,
                              GridBagLayout gridbag,
                              GridBagConstraints c) {
        Button button = new Button(name);
        gridbag.setConstraints(button, c);
        add(button);
    }
    public void init() {
        GridBagLayout gridbag = new GridBagLayout();
        GridBagConstraints c = new GridBagConstraints();
        setFont(new Font("SansSerif", Font.PLAIN, 14));
        setLayout(gridbag);
        c.fill = GridBagConstraints.BOTH;
        c.weightx = 1.0;
        makebutton("Button1", gridbag, c);
        makebutton("Button2", gridbag, c);
        makebutton("Button3", gridbag, c);
```

```
        c.gridwidth = GridBagConstraints.REMAINDER;    //此行最后一个组件,并占据
                                                        //所剩余的空间
        makeButton("Button4", gridbag, c);
        c.weightx = 0.0;                                //重置为默认值
        makeButton("Button5", gridbag, c);
        c.gridwidth = GridBagConstraints.RELATIVE;     //之前所加入组件的右边
        makeButton("Button6", gridbag, c);
        c.gridwidth = GridBagConstraints.REMAINDER;    //此行最后一个组件,并占
                                                        //据所剩余的空间
        makeButton("Button7", gridbag, c);
        c.gridwidth = 1;                                //重置为默认值
        c.gridheight = 2;
        c.weighty = 1.0;
        makeButton("Button8", gridbag, c);
        c.weighty = 0.0;                                //重置为默认值
        c.gridwidth = GridBagConstraints.REMAINDER;    //此行最后一个组件,并占
                                                        //据所剩余的空间
        c.gridheight = 1;                               //重置为默认值
        makeButton("Button9", gridbag, c);
        makeButton("Button10", gridbag, c);
        setSize(300, 100);
    }
    public static void main(String args[]) {
        Frame f = new Frame("GridBag Layout Example");
        GridBagEx1 ex1 = new GridBagEx1();
        ex1.init();
        f.add("Center", ex1);
        f.pack();
        f.setSize(f.getPreferredSize());
        f.show();
    }
}
```

运行结果如图 11.7 所示。

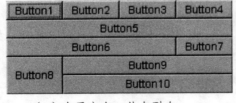
（a）水平方向,从左到右

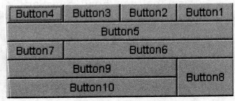
（b）水平方向,从右到左

图 11.7 GridBagLayout 案例

ATW 提供了以上 5 种布局管理器，而 Swing 容器除了可以使用上述 5 种布局管理器以外，还提供了其他布局管理器。其中，ScrollPaneLayout 和 ViewportLayout 是被内置于组件中的布局管理器，而 BoxLayout 和 OveralayLayout 的使用类似于 AWT 的布局管理器。在此不作介绍。

11.5 事件处理

11.5.1 事件处理模式

对于一个 GUI 程序来说，仅有友好美观的界面而不能实现与用户的交互，是不能满足用户需要的。让 GUI 程序响应用户的操作，从而实现真正的交互是十分重要的。定义发生在用户界面上的，用户交互行为所产生的一种效果为事件。

从 JDK1.1 开始，Java 采用一种叫做"事件授权模型"的事件处理机制。这是一种委托事件处理模式。当用户与 GUI 程序交互时，会触发相应的事件，产生事件的组件称为事件源。触发事件后系统会自动创建事件类的对象，组件本身不会处理事件，而是将事件对象提交给 Java 运行时系统，系统将事件对象委托给专门的处理事件的实体，该实体对象会调用自身的事件处理方法对事件进行相应处理，处理事件的实体称为监听器。事件源与监听器建立联系的方式是将监听器注册给事件源，授权处理模型如图 11.8 所示。

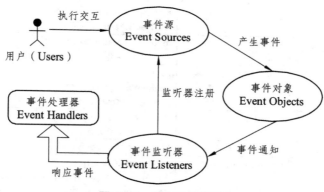

图 11.8　授权处理模型

11.5.2　Java 事件类层次结构

Java 语言中，所有的事件都放在 Java.awt.event 包中，而和 AWT 有关的所有事件类都由 AWTEvent 类派生。AWT 事件分为两大类：低级事件和高级事件。

低级事件是指基于组件和容器的事件，当一个组件上发生事件，如鼠标的进入、点击、拖放等，或组件的窗口开关等时，触发了组件事件。低级事件有：

ComponentEvent（组件事件：组件移动、尺寸的变化）。
ContainerEvent（容器事件：组件增加、移动）。

WindowEvent（窗口事件：关闭窗口、窗口闭合、最大化、最小化）。
FocusEvent（焦点事件：获得焦点、丢失焦点）。
KeyEvent（键盘事件：按下键、释放键）。
MouseEvent（鼠标事件：鼠标单击、移动）。

高级事件又称语义事件，是指没有与具体组件相连，而是具有一定语义的事件。例如：ActionEvent 可在按钮按下时触发，也可以在单行文本域中单击 Enter 键时触发。

高级事件有：
ActionEvent（动作事件：按钮按下、单行文本域中敲 Enter 键）。
AdjustmentEvent（调节事件：在滚动条上移动滑块调节数值）。
ItemEvent（项目事件：选择项目）。
TextEvent（文本事件：改变文本对象）。

不同的事件由不同的事件监听器监听，每一种事件都对应有其事件监听器接口。有些事件还有其对应的适配器，具体如表 11-1 所示。

表 11-1　事件与相应的监听器、适配器

事件类型	相应监听器接口	监听器接口中的方法
Action	ActionListener	actionPerformed(ActionEvent)
Item	ItemListener	itemStateChanged(ItemEvent)
Mouse	MouseListener	mousePressed(MouseEvent)
		mouseReleased(MouseEvent)
		mouseEntered(MouseEvent)
		mouseExited(MouseEvent)
		mouseClicked(MouseEvent)
Mouse Motion	MouseMotionListener	mouseDragged(MouseEvent)
		mouseMoved(MouseEvent)
Key	KeyListener	keyPressed(KeyEvent)
		keyReleased(KeyEvent)
		keyTyped(KeyEvent)
Focus	FocusListener	focusGained(FocusEvent)
		focusLost(FocusEvent)
Adjustment	AdjustmentListener	adjustmentValueChanged(AdjustmentEvent)
Component	ComponentListener	componentMoved(ComponentEvent)
		componentHidden(ComponentEvent)
		componentResized(ComponentEvent)
		componentShown(ComponentEvent)
Window	WindowListener	windowClosing(WindowEvent)
		windowOpened(WindowEvent)
		windowIconified(WindowEvent)
		windowDeiconified(WindowEvent)
		windowClosed(WindowEvent)
		windowActivated(WindowEvent)
		windowDeactivated(WindowEvent)
Container	ContainerListener	componentAdded(ContainerEvent)
		componentRemoved(ContainerEvent)
Text	TextListener	textValueChanged(TextEvent)

11.5.3 事件处理方法——实现事件监听器接口

系统提供的监听器只是接口，确定了事件监听器的类型后，必须在程序中定义类来实现这些接口，重写接口中的所有方法，这个类可以是组件所在的本类，也可以是单独的类；可以是外部类，也可以是内部类。重写的方法中可以加入具体的处理事件的代码。例如，定义一个键盘事件的监听器类：

```
public classCharType implements KeyListener{
    public void keyPressed(KeyEvent e){......}    //大括号中为处理事件的代码
    public void KeyReleased(KeyEvent e){}         //未用到此方法，所以方法体为空
    public void KeyTyped(KeyEvent e){}
}
```

定义了事件监听器后，要使用事件源类的事件注册方法来为事件源注册一个事件监听器类的对象：

addXXXListener(事件监听器对象);

注册上面的监听器：

addKeyListener (new CharType);

这样，事件源产生的事件会传送给注册的事件监听器对象，从而捕获事件进行相应的处理。

11.5.4 事件处理方法——继承事件适配器

可以看出，尽管有些方法不会用到，使用实现事件监听器接口的方法处理事件时，必须重写监听器接口中的所有方法，这样会为编程带来一些麻烦。为了简化编程，针对大多数有多个方法的监听器接口，为其定义了相应的实现类：事件适配器。适配器已经实现了监听器接口中的所有方法，但不做任何事情。程序员在定义监听器类的时候就可以直接继承事件适配器类，并只需要重写所需要的方法即可。

例如，上面的键盘事件类可以定义为：

```
public class CharType extends KeyAdaper{
    public void keyPressed(KeyEvent e){......}    //大括号中为处理事件的代码
}
```

为事件源注册事件监听器的方法同上。

11.5.5 典型事件处理

在 GUI 程序中，通常会使用鼠标和键盘来进行操作，从而引发鼠标事件和键盘事件。下面简要介绍鼠标、键盘事件的处理。

例 11.7

```
import Java.awt.*;
import Java.awt.event.*;
```

```java
public class Example11.7{
    public static void main(String args[]) {
        Frame f = new Frame("Test");
        Button b = new Button("Press Me!");
        Monitor bh = new Monitor();
        b.addActionListener(bh);
        f.add(b,BorderLayout.CENTER);
        f.pack();
        f.setVisible(true);
    }
}
class Monitor implements ActionListener {
    public void actionPerformed(ActionEvent e) {
        System.out.println("a button has been pressed");
    }
}
```

本例实现了 ActionListener 接口，将其子类对象绑定在 Button 对象上，监听 Button 对象是否被按下。当按下按钮，控制台将打印"a button has been pressed"。程序运行结果如图 11.9 所示。

图 11.9 TestActionEvent.Java 运行结果

例 11.8
```java
import Java.awt.*;
import Java.awt.event.*;
import Java.util.*;
public class Example11.8{
    public static void main(String args[]) {
        new MyFrame("drawing...");
    }
}
class MyFrame extends Frame {
    ArrayList points = null;
    MyFrame(String s) {
        super(s);
        points = new ArrayList();
        setLayout(null);
```

```
        setBounds(300,300,400,300);
        this.setBackground(new Color(204,204,255));
        setVisible(true);
        this.addMouseListener(new Monitor());
    }
    public void paint(Graphics g) {
        Iterator i = points.iterator();
        while(i.hasNext()){
            Point p = (Point)i.next();
            g.setColor(Color.BLUE);
            g.fillOval(p.x,p.y,10,10);
        }
    }
    public void addPoint(Point p){
        points.add(p);
    }
}
class Monitor extends MouseAdapter {
    public void mousePressed(MouseEvent e) {
        MyFrame f = (MyFrame)e.getSource();
        f.addPoint(new Point(e.getX(),e.getY()));
        f.repaint();
    }
}
```

本例继承了鼠标继承器，将其子类对象绑定到 Frame 对象上，监听 Frame 对象是否被鼠标操作。当按下鼠标左键，Frame 上被点击处将绘制小圆点。程序运行结果如图 11.10 所示。

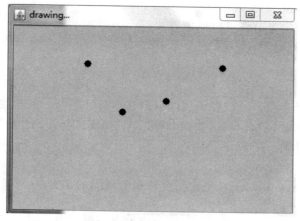

图 11.10　MyMouseAdapter.Java 运行结果

11.6 常用 Swing 组件介绍

1. JFrame 框架

框架 JFrame 是带标题、边界、窗口状态调节按钮的顶层窗口，它是构建 SwingGUI 应用程序的主窗口，也可以是附属于其他窗口的弹出窗口（子窗口）。每一个 SwingGUI 应用程序都至少包含一个框架。

JFrame 类继承于 Frame 类，JFrame 类的构造方法有：

JFrame()：创建一个无标题的框架。

JFrame(String title)：创建一个有标题的框架。

这样创建的框架窗口都是不可见的，要让其显示出来，必须调用 JFrame 的方法设置框架的尺寸并主动显示窗口：

```
setSize(长，宽);              //设置窗口尺寸，长和宽的单位是"像素"
```
或者使用方法：
```
pack();                      //使框架的初始大小正好显示出所有组件
setVisible（true）;           //设置窗口显示。
```
或者使用方法：
```
show();
```

选择框架右上角的关闭按钮时，框架窗口会自动关闭。有时应用程序只有一个框架，但有时应用程序有多个框架，为了使选择关闭按钮会产生退出应用程序的效果，应该添加 windowlistener 监听器或者调用框架窗口的一个方法：

setDefaultCloseOperation(JFrame.EXI-ON-CLOSE);

向框架窗口添加组件时，不能直接将组件添加到框架中。JFrame 的结构比较复杂，其中共包含了 4 个窗格，最常用的是内容窗格（ContenPane），如果需要将一些图形用户界面元素加入到 JFrame 中，必须先得到其内容窗格，然后添加组件到内容窗格里。要得到内容窗格可以使用方法：

Conetainer c=getContentPane();

用其他容器替换掉内容窗格可以使用方法：

setContentPane(容器对象);

2. JPanel 面板

JPanel 是一种中间容器，可以容纳组件，但它本身必须添加到其他容器中使用。另外，JPanel 也提供一个绘画的区域，可以替换 AWT 中的画布 Canvas （没有 JCanvas）。

JPanel 的构造方法有：

JPanel();默认 FlowLayout 布局。

JPanel(LayoutManager layout)：创建指定布局管理器的 JPanel 对象。

JPanel 类的常用成员方法有：

paintComponents（Graphics g）：用来在画板中绘制组件。

add(Component comp)：把指定的组件加到画板中。

3. JApplet 面板

JApplet 也是窗口容器，继承自 Applet 类。Applet 小程序是一种 Java 程序。它默认的布局管理器是 BorderLayout，而 Applet 默认的布局管理器是 FlowLayout。另外，可以直接向 Applet 窗口中添加组件，但 JApplet 不行，添加组件时必须添加到其内容窗口中。得到内容窗格可使用方法：

Container c = getContentpane();

4. 标签（Jlabel）

标签是显示文本或图片的一个静态区域，只能查看其内容而不能修改，它本身不响应任何事情，也不能获取键盘焦点。

JLabel 的构造方法有：

JLabel()：创建空标签。

JLabel（Icon image）：创建带有指定图片的标签。

Jlabel(lcon image, int horizontalAlignment)：创建带有指定图片且水平对齐的标签。

JLabel(string text)；创建带有文本的标签。

JLabel(string text, lcon icon, int horrizontalAlignment)：创建带有文本、指定图片且水平对齐的标签。

JLabel(string text, int horrizontalAlignment)；创建带有文本且水平对齐的标签。

其中，参数 horrizontalAlignment 可以采用左对齐 JLabel.LEFT、右对齐 JLabel.RIGHT 和居中对齐 JLabel.CENTER 3 种方式。

可以通过常用方法来获取和设置标签内容等信息：

String getText（）：获取标签上的文本。

void settext(String text)：设置标签上的文本。

int getHorizontal Alignment ()：返回标签内容的水平对齐方式。

void sethorizontalAlignment(int horrizontalAlignment)：设置标签内容水平对齐方式。

5. 按钮（JButton）

按钮是图形用户界面中一个用途非常广泛的组件。用户可以点击它，然后通过事件处理从而响应其某种请求。JButton 的构造方法有：

JButton（）：创建没有标签和图标的按钮。

JButton（Icon icon）：创建带有图标的按钮。

JButton（Striong text）：创建带有标签的按钮。

JButton（Striong text, Icon icon）：创建既有图标又有标签的按钮。

使用 JButton 按钮时，会用到一些常用的方法。比如；setActionCommond（）设置动作命令，setMnemonic（）设置快捷字母键，getLabel（）获取按钮标签，setLabel（string label）设置按钮标签，setEnabled(Boolean b)设置按钮是否被激活。

JButton 组件引发的事件是 ActionEvent，需要实现监听器接口 ActionLstener 中的 actionperformed（）方法。注册事件监听器使用方法 addActionListener（）。确定事件源可以使用方法 getActionCommand（ ）或 getSource（ ）。

6. 文本框

文本框有多种，Java 的图形用户界面中提供了单行文本框、口令框和多行文本框。

1）单行文本框(JTextField)

JTextField 只能对单行文本进行编辑，一般情况下接收一些简单的信息，如姓名、年龄等信息。

JTextField（ ）：创建一个单行文本框。

JTextField（int columns）：创建一个指定长度的单行文本框。

JTextField(String text)：创建带有初始文本的单行文本框。

JTextField（String text, int columns）：创建带有初始文本并且指定长度的单行文本框。使用 JTextfield 时有一些常用方法。

String getText（ ）：获取文本框中的文本。

void setText(string text)：设置文本框中显示的文本。

int getColumns（ ）：获取文本框的列数。

void set Columns（int colunmns）：设置文本框的列数。

7. 口令框（JPasswordField）

口令框也是单行文本框，但不同的是在口令框中输入的字符都会被其他字符替代，一般程序中用它来输入密码。

JPasswordField 继承自 JtextField，它的构造方法与单行文本框类似，参数相同。

JPasswordField 有一些常用的方法：

char[] getpassword()：返回 JPasswordField 的文字内容。

char getEchoChar()：获取密码的回显字符。

void set EchoChar(char c)：获得密码的回显字符。

8. 多行文本框(JTextArea)

JTextArea 用来编辑多行文本，主要的构造方法有：

JTextArea()：创建一个多行文本框。

JTextArea(int rows, int columns)：创建指定行数和列数的多行文本框。

JTextArea(String text)：创建带有初始文本的多行文本框。

JTextArea (String text int rows， int columns)；创建带有初始文本且指定行数和列数的多行文本框。

JTextArea 中有一些常用方法。

Stning getText()：获取文本框中显示的文本。

void setText (String s)：设置文本框中显示的文本。

void setEditable (boolean b)：设置是否可以对多行文本框中的内容进行编辑。JTextArea 默认不会自行换行。

本章小结

本章主要讲述了图形用户界面的设计方法，主要包括界面的设计、事件的处理和常用的 Swing 组件。GUI 界面设计主要介绍 JFrame 框架的使用和对容器进行布局的各种布局管理器，以及字体、颜色、观感等方面的设计；Java 中 GUI 程序的事件处理方法采用的是授权处理机制。事件源产生事件后，会自动生成事件对象，但事件源本身不会处理事件，而是交由一种叫做事件监听器的对象来处理，这种对象是通过实现了系统相关接口的类来创建的。常用的 Swing 组件，包括 JButton 按钮、JTextField 文本框、JPasswordField 密码框等，利用这些组件可以根据用户需要，创建不同风格的图形用户界面。通过本章的学习，可以设计出功能完善、界面友好的图形化应用程序。

习 题

一、选择题

1. Window 是显示屏上独立的本机窗口，它独立于其他容器，Window 的两种形式是(　　)。
   A. JFrame 和 Jdialog   B. JPanel 和 JFrame
   C. Container 和 Component   D. LayoutManager 和 Container

2. 框架（Frame）的缺省布局管理器就是(　　)。
   A. 流程布局（Flow Layout）   B. 卡布局（Card Layout）
   C. 边框布局（Border Layout） D. 网格布局（Grid Layout）

3. Java.awt 包提供了基本的 Java 程序的 GUI 设计工具，包含控件、容器和(　　)。
   A. 布局管理器   B. 数据传送器
   C. 图形和图像工具   D. 用户界面构件

4. 所有 Swing 构件都实现了(　　)接口。
   A. ActionListener   B. Serializable
   C. Accessible   D. MouseListener

5. 事件处理机制能够让图形界面响应用户的操作，主要包括(　　)。
   A. 事件   B. 事件处理   C. 事件源   D. 以上都是

6. Swing 采用的设计规范是(　　)。
   A. 视图—模式—控制   B. 模式—视图—控制
   C. 控制—模式—视图   D. 控制—视图—模式

7. 抽象窗口工具包(　　)是 Java 提供的建立图形用户界面 GUI 的开发包。
   A. AWT   B. Swing   C. Java.io   D. Java.lang

8. 关于使用 Swing 的基本规则，下列说法正确的是(　　)。
   A. Swing 构件可直接添加到顶级容器中
   B. 要尽量使用非 Swing 的重要级构件
   C. Swing 的 JButton 不能直接放到 Frame 上

D. 以上说法都对

9.（　　）布局管理器使容器中各个构件呈网格布局，平均占据容器空间。
　A. FlowLayout　　　　　　　　　B. BorderLayout
　C. GridLayout　　　　　　　　　D. CardLayout

10. 容器被重新设置大小后，哪种布局管理器容器中的组件大小不随容器大小的变化而改变（　　）？
　A. CardLayout　　　　　　　　　B. FlowLayout
　C. BorderLayout　　　　　　　　D. GridLayout

11. paint()方法使用哪种类型的参数？
　A. Graphics　　B. Graphics2D　　C. String　　D. Color

12. 监听事件和处理事件（　　）。
　A. 都由 Listener 完成　　　　　B. 都由相应事件 Listener 处注册过的组件完成
　C. 由 Listener 和组件分别完成　　D. 由 Listener 和窗口分别完成

13. 下列哪个属于容器的组件（　　）。
　A. Jframe　　B. Jbutton　　C. JPanel　　D. JApplet

14. 下列不属于容器的是（　　）。
　A. Jwindow　　B. TextBox　　C. Jpanel　　D. JScrollPane

15. 下面哪个语句是正确的（　　）？
　A. Object o=new JButton("A");　　B. JButton b=new Object("B");
　C. JPanel p=new JFrame();　　　　D. JFrame f=new JPanel();

二、填空题

1．在需要自定义 Swing 构件的时候，首先要确定使用那种构件类作为所定制构件的_____，一般继承 JPanel 类或更具体的 Swing 类。

2．Swing 的事件处理机制包括_____、事件和事件处理者。

3．Java 事件处理包括建立事件源、_____和将事件源注册到监听器。

4．Java 的图形界面技术经历了两个发展阶段，分别通过提供 AWT 开发包和_____开发包来实现。

5．抽象窗口工具包_____提供用于所有 Java applet 及应用程序中的基本 GUI 组件。

6．Window 有两种形式：JFrame(框架)和_____。

7．容器里的组件的位置和大小是由_____决定的 。

8．可以使用 setLocation(), setSize()或_____中的任何一种方法设定组件的大小或位置。

9．容器 Java.awt.Container 是_____类的子类。

10．Frame 的缺省布局管理器是_____。

11．_____包括五个明显的区域：东、南、西、北、中。

12．_____布局管理器是容器中各个构件呈网格布局，平均占据容器空间。

13．_____组件提供了一个简单的"从列表中选取一个"类型的输入。

14．在组件中显示时所使用的字体可以用_____方法来设置。

15．为了保证平台独立性，Swing 是用_____编写。
16．Swing 采用了一种 MVC 的设计范试，即_____。
17．_____对话框在被关闭前将阻塞包括框架在内的其他所有应用程序的输入。
18．_____类可用于创建菜单对象。_____方法可以在菜单中放置分隔条。
19．用户可以使用_____类提供的方法来生成各种标准的对话框，也可以使用_____类根据实际需要生成自定义对话框。

三、编程题

1．写一 AWT 程序，在 JFrame 中加入 80 个按钮，分 20 行 4 列，用 GridLayout 布局方式，按钮背景为黄色（Color.yellow），按钮文字颜色为红色（Color.red）。

2．写一 AWT 程序，在 Frame 中加入 2 个按钮（Button）和 1 个标签（Label），单击两个按钮，显示按钮的标签于 Label。

3．在 JFrame 中加入 1 个文本框，1 个文本区，每次在文本框中输入文本，回车后将文本添加到文本区的最后一行。

4．在 JFrame 中加入 2 个复选框，显示标题为"学习"和"玩耍"，根据选择的情况，分别显示"玩耍""学习""劳逸结合"。

5．做一个简易的"+－×/"计算器：JFrame 中加入 2 个提示标签，1 个显示结果的标签，2 个输入文本框，4 个单选框（标题分别为+－×/），1 个按钮，分别输入 2 个整数，选择相应运算符，点击后显示计算结果。

6．在 JFrame 中加入 1 个滚动列表框 List，1 个下拉列表框 Choice 和 1 个按钮，点击按钮将 List 中的项目移到 Choice 组件中。

7．找一幅图像显示在 JFrame 中，要求按原图大小显示，再放大或缩小一倍显示或者放大显示右下部的 1/4 块。

8．在 JFrame 中，加入 1 个面板，在面板上加入 1 个文本框，1 个按钮，使用 null 布局，设置文本框和按钮的前景色、背景色、字体、显示位置等。

9．在窗口中建立菜单，"文件"菜单项中包含"打开"项目，点击后弹出文件对话框，在界面中的 1 个文本框中显示打开的文件名。

10．在 JFrame 中当键盘压下时显示该键的 ASCII 值，释放时显示该键的名称。

11．在 JFrame 指定区域中点击鼠标，同时显示随机颜色的点。

12．将 JFrame 区域分成大小相等的 2×2 块，分别装入 4 幅图片，鼠标进入哪个区域，就在该区域显示一幅图片，移出后则不显示图片。

13．用输入/输出写一个程序，让用户输入一些姓名和电话号码，将每一个姓名和号码加入在文件里。用户通过点击 Done 按钮来告诉系统整个列表已输入完毕。如果用户输入完整个列表，程序将创建一个输出文件并显示或打印出来。格式如：555-1212，Tom 123-456-7890，Peggy L. 234-5678，Marc 234-5678，Ron 876-4321，Beth&Brian 33.1.42.45.70，Jean-Marc。

14．设计一个窗口，窗口上显示如图题 1 图所示内容。点击"确定"按钮，标签框中显示文件框的内容。

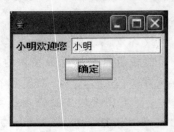

图题 1　编程题 14 效果图

15. 设计如图题 2 所示窗口。

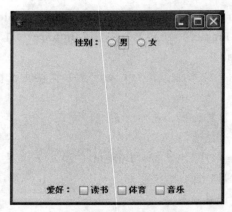

图题 2　编程题 15 效果图

第 12 章 与数据库通信

12.1 JDBC 概述

JDBC 是一种可以用来执行 SQL 语句的通用底层 Java API。在不同的数据库功能模块的层次上提供了一个统一的用户界面。它由一些 Java 语言编写的类和接口组成，使用这些类和接口可以使得开发者使用 Java 语言来访问不同格式和位置的数据库。在访问数据库上，JDBC 与微软的 ODBC 是相似的，但是 JDBC 可以运行在任何平台上。

使用 JDBC 访问数据库时，创建的应用程序可以使用两层模型和三层模型结构。两层模型指的是一个 Java 应用程序或者小应用程序直接同数据库进行连接，用户直接将 SQL 语句发送给数据库。执行的结果也将由数据库返回给客户，访问方式如图 12.1 所示。这种方式存在一定的局限性，容易受数据库厂家、版本等因素的限制，而且不利于应用程序的修改和升级。

图 12.1 JDBC 两层访问模型

三层模型是将 SQL 语句首先发给一个中间服务器（中间层），然后再由中间服务器发送给数据库。执行结果也是首先返给中间服务器，然后再传递给用户。这种方式与两层结构相比存在一些优势，在操作数据的过程中，将客户与数据库分开，相互独立互不影响，而且由专门的中间服务器来处理客户的请求，与数据库通信，提高了数据库访问的效率，三层模型如图 12.2 所示。

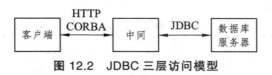

图 12.2 JDBC 三层访问模型

12.2 JDBC 的分类

JDBC 驱动程序共分四种类型：

1. JDBC-ODBC 桥

这种类型的驱动把所有 JDBC 的调用传递给 ODBC，再让后者调用数据库本地驱动代码，其结构如图 12.3 所示。

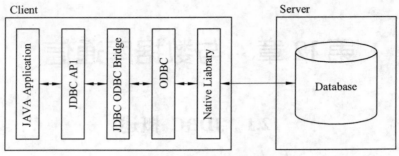

图 12.3 JDBC-ODBC

2. 本地 API 驱动

这种类型的驱动通过客户端加载数据库厂商提供的本地代码库（C/C++等）来访问数据库，而在驱动程序中则包含了 Java 代码，其结构如图 12.4 所示。

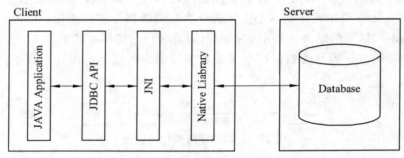

图 12.4 本地 API 驱动

3. 网络协议驱动

这种类型的驱动给客户端提供了一个网络 API，客户端上的 JDBC 驱动程序使用套接字（Socket）来调用服务器上的中间件程序，后者在将其请求转化为所需的具体 API 调用，其结构如图 12.5 所示。

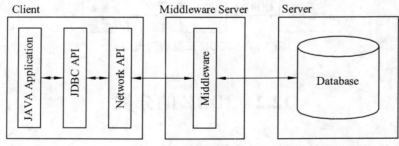

图 12.5 网络协议驱动

4. 本地协议驱动

这种类型的驱动使用纯 Java 实现，利用 Socket 实现数据库的通信协议的客户端程序，从而直接在客户端和数据库间通信，其结构如图 12.6 所示。

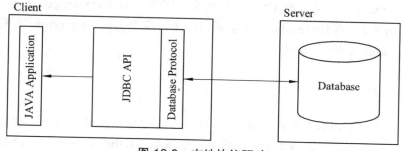

图 12.6　本地协议驱动

12.3　JDBC 编程步骤

根据 Java 的 JDBC 规范，用户可以利用一套遵循规范的 API（定义在 Java.sql 包中）来对数据库进行操作。因此，本节就这些 API 的使用方法以及其中涉及的一些问题进行初探。

12.3.1　建立连接

1．加载 JDBC

将数据库厂商发布的 JDBC Driver 的 Jar 文件的路径，导出到环境变量 CLASSPATH 中。例如，在 Linux 下可以使用下述命令来进行导出：

Host@ ~ # export
CLASSPATH=${CLASSPATH}:/usr/share/VenderDriver.jar

在用户程序代码中，将数据库厂商发布的实现了 JDBC 中 Driver 接口的子类进行注册。可用下述代码进行加载：

Class.forName("com.somejdbcvendor.TheirJdbcDriver");

通常情况下对于上节第三第四种 JDBC 驱动，只要上述的两个步骤完成后，即可使用 JDBC 的一系列 API 来工作了。但是对于第一、第二种 JDBC 驱动来说，光做这些还是不够的。因为它们都不是纯 JAVA 实现，因此在使用之前还需要完成对本地库的一系列配置工作。关于这些本地库的配置操作，请具体参见各厂商给出的手册，在此就不加详述了。

2．建立与数据库间的连接

在 JDBC 中，一个与数据库连接的实体被统一抽象为 Connection 接口，而这些接口具体的实现类则由数据库厂商发布的 JDBC 驱动来提供。在使用时，一切都按照 Connection 接口定义的方法执行即可，获得连接一般使用 DriverManager，以服务端 mysql 为例，如下：

Connection c = DriverManager.getConnection("jdbc:mysql://localhost:3306/test?"user=root&password=root);

使用上述代码的前提是，所需要使用的 Driver 已经被载入到 DriverManager 中，则此时 DriverManager 会根据用户传入的 URL 来判断应该用哪个 DriverManager 来建立连接。如果能找到对应的 Driver，则 DriverManager 会返回一个对应类型的 Connection 实例（其中，Url 的写法参考目标数据库产品 JDBC 文档）。

12.3.2 执行 SQL

SQL 语句的执行可以分为静态 SQL 语句执行以及动态 SQL 语句执行。动态 SQL 语句在执行之前，需要用户根据自己的需要，绑定不同的参数。JDBC 的 API 对于静态 SQL 语句以及动态 SQL 语句都有很好的支持。

1. Statement

静态 SQL 语句因为不需要绑定参数，所以常用来执行 SQL 语句的类就是 Statement 类。仍然以 mysql JDBC 的示例为例进行说明。当用户执行的是查询语句时，如下所示。

```
Statement stmt = c.createStatement();
ResultSet rs = stmt.executeQuery("select * from sc1.tb1");
while(rs.next()){
int numColumns = rs.getMetaData().getColumnCount();
    for ( int i = 1 ; i <= numColumns ; i++ ){
        System.out.println( "COLUMN " + i + " = " + rs.getObject(i) );
}
}
rs.close();
stmt.close();
```

其中，ResultSet 是一个由结果集生成的数据表。它的内部包含一个指向结果集第一行（Row）结果的前向指针。每调用一次 next() 方法，该指针就被向前推进一行，该移动方向不可逆。另外，当要获取当前行的指定列的数据时，需要注意此处指定第 *n* 列时，ResultSet 关于列（Column）的索引是从 1 开始编号的。

如果用户需要手动移动 ResultSet 内部的指针，可以通过下述方法进行设置：

ResultSet.first()

ResultSet.absolute(int row)

ResultSet.last()

当用户需要获取某一列的数据是，可以使用 ResultSet 的 getXXX() 系列的方法来执行。通常，使用的方法名的数据类型应当是数据库表中该列对应的数据类型在 Java 中的映射数据类型。比如服务端的数据类型若为 CHAR VARING 类型，则在程序中取数据时可以使用 getString() 方法获取。每一种 getXXX 方法都有对应的一个重载函数，使得用户在使用方法时既可以传入列的索引号，也可以传入列名。当用户不知道数据表中指定的列是何种数据类型时，可以使用 getObject() 方法来获取数据。

数据库端的数据类型和 Java 中数据类型的映射关系如表 12-1 所示：

表 12-1 数据库 SQL 数据类型与 Java 数据类型的映射关系

数据库的 SQL 数据类型	Java 数据类型
CHAR	Java.lang.String
VARCHAR(CHAR VARING)	Java.lang.String
LONGVARCHAR	Java.lang.String
NUMERIC	Java.math.BigDecimal
DECIMAL	Java.math.BigDecimal
BIT	boolean
TINYINT	byte
SMALLINT	Short
INTEGER	int
BIGINT	long
REAL	float
FLOAT	double
DOUBLE	double
BINARY	byte[]
VARBINARY	byte[]
LONGVARBINARY	byte[]
DATE	Java.sql.Date
TIME	Java.sql.Time
TIMESTAMP	Java.sql.Timestamp
BLOB	Java.sql.Blob
CLOB	Java.sql.Clob
Array	Java.sql.Array
REF	Java.sql.Ref
Struct	Java.sql.Struct

当用户在使用 getXXX() 方法获取数据时，选用的数据类型建议与上表一致。否则的话，将有可能出现数据类型转换失败的异常，或者数据失真。

当用户执行非查询语句（如 UPDATE,INSERT，DELETE 或者 SQL 语句中的 DDL）时，可以使用 Statement 的 executeUpdate() 方法执行。举例如下：

```
Statement stmt = c.createStatement();
stmt.executeUpdate("insert into sc1.tb1 (id, name) values (5678, 'bbb')");
rs.close();
stmt.close();
```

虽然在有时候习惯直接像上面的示例那样调用 Statement 类的 executeUpdate()方法，而不获得它的返回值。但需要注意的是，executeUpdate()方法是有返回值的，其返回值为 int 型，表示的意思是因为执行的 SQL 而受影响的数据行数(如有 XX 条数据被插入/更新/删除了)。

2. PreparedStatement

对于形如"select name from sc1.tb1 where id=?"的动态 SQL 语句，JDBC 也提供了相应的 API 供用户调用。通常情况下，一般使用 PreparedStatement 接口来执行相关的操作。

比如，对于上述的动态 SQL 语句，可以采用下述代码来执行：

```
PreparedStatement ps = c.prepareStatement();
ps.setInt(1, 1234);
ResultSet rs = stmt.executeQuery("select * from sc1.tb1");
while(rs.next()){
    int numColumns = rs.getMetaData().getColumnCount();
    for ( int i = 1 ; i <= numColumns ; i++ ){
        System.out.println( "COLUMN " + i + " = " + rs.getObject(i) );
    }
}
rs.close();
stmt.close();
```

上述代码中的第二行 ps.setInt(1, 1234)的作用是为动态 SQL 绑定参数。

通常，都是使用 PreparedStatement 的 setXXX()方法来绑定参数。根据参数所属列的数据类型选择具体的 setXXX 方法（数据库的 SQL 数据类型与 Java 数据类型的）。当选择的方法对应的 Java 数据类型与实际列的数据类型不匹配时，将有可能导致程序出错。同样，如果动态 SQL 语句中设置的参数少于使用 PreparedStatement 绑定的参数个数，程序执行时将会报错。

当对同一个参数反复绑定参数时，将会以最后一个绑定的参数为准。

从 JDBC2.0 开始，JDBC 就提供了若干接口用于方便用户批量处理 SQL 语句。目前版本中，相关的 API 如下所示：

1）Statement.addBatch(String)

2）Statement.clearBatch()

3）Statement.executeBatch()

最终，执行批处理的方法是 Statement.executeBatch()，该方法返回一个 int 型数组，里面个各元素代表了对应的 SQL 语句对数据库产生影响的行数。

值得注意的是批处理执行时如果存在一条不能正确执行的 SQL 语句时，该方法会抛出一个 BatchUpdatedException。但异常抛出后的动作则是未定义的，JDBC 有可能会让剩余的 SQL

文继续执行完毕，有可能就中断此次批处理。此时 JDBC 的动作将依赖于该 JDBC 驱动程序所对应的数据库的 DBMS 对于批处理 SQL 文的定义。

另外，当批处理执行 SQL 程序时，如果有某条 SQL 语句尝试返回一个结果集，那么此时 Statement.executeBatch()也会抛出一个 BatchUpdatedException 异常。因此，批处理操作在实践上更适合用于大批量更新数据库的操作。而且，如果数据库本身并不支持 SQL 的批处理，那么该方法则应当抛出一个 SQLException 异常。

12.4　存储过程/函数的调用

JDBC API 提供了一个存储过程 SQL 转义语法，该语法允许对所有 RDBMS 使用标准方式调用存储过程。此转义语法有一个包含结果参数的形式和一个不包含结果参数的形式。如果使用结果参数，则必须将其注册为 OUT 型参数。其他参数可用于输入、输出或同时用于两者。

该调用存储过程的语法为：

{?= call <procedure-name>[<arg1>,<arg2>, ...]}

{call <procedure-name>[<arg1>,<arg2>, ...]}

上述调用语法将作为字符串被传入到一个 CallableStatement 对象中，并加以执行。假设有一个存储过程的名字叫做 user_proc，参数为一个 INTEGER 型的输入参数以及一个 CHAR VARING 型的输出参数，其返回值为 INTEGER 型，调用的示例代码如下所示：

CallableStatement proc = c.prepareCall("{?=call user_proc(?, ?)}");

proc.registerOutParameter(1, Types.INTEGER);

proc.setInt(2, 5678);

proc.registerOutParameter(3, Types.VARCHAR);

proc.execute();

……

其中，需要注意在传入调用存储过程的 SQL 语句时，两边的大括号"{"和"}"是必不可少的。而且，如果存储过程有返回值，那么在绑定参数时，返回值的参数 Index 为 1。绑定输入参数与调用动态 SQL 语句一样，使用 CallableStatement 的 setXXX()方法。但是在绑定返回值以及输出参数时，则需要调用 CallableStatement 的 registerOutParameter()方法。

还有一些存储过程，其本身没有返回值，但是由于其内部执行了检索语句，往往会返回一个结果集。此时的使用方法如下所示：

CallableStatement proc = c.prepareCall("{call user_proc2(?)}");

proc.setInt(1, 5678);

proc.execute();

ResultSet rs = proc.getResultSet();

……

12.5 事务的执行

在 JDBC 的模型中,并不存在一个单独的 Transaction 的类或者接口来抽象地表示一个事务(这一点与.NET Framework 下的 ADO.NET 的模型截然不同)。相反,它把一个 Connection 对象和一个单独事务(概念上)紧密联系起来。

在 JDBC 的模型中,默认的概念是每执行一条 SQL 语句就相当于提交了一个事务。所以在默认的情况下,调用 Connection.getAutoCommit()的结果是 true。如果要在应用中体现出"提交/回滚"的事务,则应当按下述方法进行设置。

……
c.setAutoCommit(false);
……

此时,再执行 SQL 语句来更新数据库时,将会依照事务的"ACID"原则,所有的更新不会立即反映到数据库中,除非代码中显式地调用了 Connection.commit()方法。而事务中如果某一个操作失败了,应该在异常处理的代码中调用 Connection.rollback()方法来实现事务的回滚。

以下就是运用 JDBC 执行事务的示例:

```
...
try{
c.setAutoCommit(false);
stmt = c.createStatement();
stmt.executeUpdate("delete from sc1.tb1 where id=7777");
stmt.executeUpdate("update sc1.tb1 set name='ddd' where id=1234 ");
c.commit();
}
catch(SQLException ex){
c.rollback();
}
……
```

对于事务的"ACID"原则来说,事务中一个操作失败,所有的操作都应该被回滚。但是在 JDBC 的事务模型中,引入了保存点(Savepoint)。当在一个事务中运用了 Savepoint,那么如果出错是发生在某个 Savepoint 之后,那么可以选择将事务只回滚到该 Savepoint。也就是说,该 Savepoint 之后的操作不会被反映到数据库中,但之前的操作仍然会被反映到数据库中。比如对上述代码进行些许修正

```
……
Savepoint sp = null;
try{
c.setAutoCommit(false);
stmt = c.createStatement();
```

```
stmt.executeUpdate("delete from sc1.tb1 where id=7777");
sp = c.setSavepoint();        //设置保存点
stmt.executeUpdate("update sc1.tb1 set name='ddd' where id=1234 ");
c.commit();
}
catch(SQLException ex){
if(sp != null){
    c.rollback(sp);           //回滚到指定保存点
}
else{
c.rollback();
    }
}
……
```

当上述程序中执行 UPDATE 语句出错时，虽然发生了回滚，但之前的 DELETE 文仍然将被执行。

但是关于 Savepoint，需要注意一点。即使在代码中按上述方法设置了保存点，如果在异常处理中调用的不是 Connection.rollback(Savepoint)方法，而是 Connection.rollback()方法。那么，设置的保存点将会被无视，所有的操作都会被回滚。

本章小结

本章简介了 Java 使用 JDBC 来访问数据库的方式。JDBC 在操作数据库时提供了四种驱动程序。本章主要介绍 JDBC 提供接口的使用方法。

习　题

一、选择题

1. 有关 JDBC 的选项正确的是哪一个？（　　）

A．JDBC 是一种被设计成通用的数据库连接技术，JDBC 技术不光可以应用在 Java 程序里面，还可以用在 C++这样的程序里面

B．JDBC 技术是 SUN 公司设计出来专门用在连接 Oracle 数据库的技术，连接其他的数据库只能采用微软的 ODBC 解决方案

C．微软的 ODBC 和 SUN 公司的 JDBC 解决方案都能实现跨平台使用，只是 JDBC 的性能要高于 ODBC

D．JDBC 只是个抽象的调用规范，底层程序实际上要依赖于每种数据库的驱动文件

2. 选择 JDBC 可以执行的语句（多选）（   ）。
A. DDL   B. DCL
C. DML   D. 以上都可以
3. 选择 Java 程序开发中推荐使用的常用数据库（多选）（   ）。
A. Oracle   B. SQL Server 2000
C. MySQL   D. DB2
4. 哪个不是 JDBC 用到的接口和类？（   ）。
A. System   B. Class
C. Connection   D. ResultSet
5. 使用 Connection 的哪个方法可以建立一个 PreparedStatement 接口？（   ）
A. createPrepareStatement()   B. prepareStatement()
C. createPreparedStatement()   D. preparedStatement()
6. 下面的描述正确的是哪个？（   ）
A. PreparedStatement 继承了 Statement
B. Statement 继承了 PreparedStatement
C. ResultSet 继承了 Statement
D. CallableStatement 继承自 PreparedStatement
7. 下面的描述错误的是什么？（   ）
A. Statement 的 executeQuery()方法会返回一个结果集
B. Statement 的 executeUpdate()方法会返回是否更新成功的 boolean 值
C. 使用 ResultSet 中的 getString()可以获得一个对应于数据库中 char 类型的值
D. ResultSet 中的 next()方法会使结果集中的下一行成为当前行
8. 如果数据库中某个字段为 numberic 型，可以通过结果集中的哪个方法获取？（   ）
A. getNumberic()   B. getDouble()
C. getBigDecimal() D. getFloat()
9. 在 Jdbc 中使用事务，想要回滚事务事务的方法是什么？（   ）
A. Connection 的 commit()
B. Connection 的 setAutoCommit()
C. Connection 的 rollback()
D. Connection 的 close()
10. 在 JDBC 编程中执行完下列 SQL 语句 SELECT name, rank, serialNo FROM employee，能得到 rs 的第一列数据的代码是哪两个？（   ）
A. rs.getString(0);
B. rs.getString("name");
C. rs.getString(1);
D. rs.getString("ename");
11. 下面关于 PreparedStatement 的说法错误的是什么？（   ）
A. PreparedStatement 继承了 Statement
B. PreparedStatement 可以有效地防止 SQL 注入

C. PreparedStatement 不能用于批量更新的操作

D. PreparedStatement 可以存储预编译的 Statement，从而提升执行效率

12. 下面的选项加载 MySQL 驱动正确的是哪一个？（ ）

A. Class.forname("org.gjt.mm.mysql.Driver");

B. Class.forname("org.gjt.mysql.jdbc.Driver");

C. Class.forname("org.git.mm.mysql.Driver");

D. Class.forname("org.git.mysql.jdbc.Driver");

13. 下面的选项加载 MySQL 驱动正确的是哪一个？（ ）

A. Class.forname("com.mysql.JdbcDriver");

B. Class.forname("com.mysql.jdbc.Driver");

C. Class.forname("com.mysql.driver.Driver");

D. Class.forname("com.mysql.jdbc.MySQLDriver");

14. 下面代码加载 Oracle 驱动正确的是哪一个？（ ）

A. DriverManager.register("oracle.driver.OracleDriver");

B. DriverManager.forname("oracle.driver.OracleDriver");

C. DriverManager.load("oracle.driver.OracleDriver");

D. DriverManager.newInstance("oracle.driver.OracleDriver");

15. 有关 Connection 描述错误的是哪一个？（ ）

A. Connection 是 Java 程序与数据库建立的连接对象，这个对象只能用来连接数据库，不能执行 SQL 语句

B. JDBC 的数据库事务控制要靠 Connection 对象完成

C. Connection 对象使用完毕后要及时关闭，否则会对数据库造成负担

D. 只有 MySQL 和 Oracle 数据库的 JDBC 程序需要创建 Connection 对象，其他数据库的 JDBC 程序不用创建 Connection 对象就可以执行 CRUD 操作

16. 下面有关 JDBC 事务的描述正确的是哪一个？（ ）

A. JDBC 事物默认为自动提交，每执行一条 SQL 语句就会开启一个事务，执行完毕之后自动提交事务，如果出现异常自动回滚事务。

B. JDBC 的事务不同于数据库的事务，JDBC 的事务依赖于 JDBC 驱动文件，拥有独立于数据库的日志文件，因此 JDBC 的事务可以替代数据库事务。

C. 如果需要开启手动提交事务需要调用 Connection 对象的 start()方法。

D. 如果事务没有提交就关闭了 Connection 连接，那么 JDBC 会自动提交事务。

17. 下列的预编译 SQL 哪一个是正确的？（ ）

A. SELECT * FROM ? ;

B. SELECT ?,?,? FROM emp ;

C. SELECT * FROM emp WHERE salary>(?)

D. 以上都不对

18. 能执行预编译 SQL 的是哪一个选项？（ ）

A. Statement

B. PreparedStatement

C. PrepareStatement

D. 以上都不是

19. 如果为下列预编译 SQL 的第三个问号赋值，那么正确的选项是哪一个？UPDATE emp SET ename=?,job=?,salary=? WHERE empno=?;（   ）

A. pst.setInt("3",2000);

B. pst.setInt(3,2000);

C. pst.setFloat("salary",2000);

D. pst.setString("salary","2000");

20. 有关 PreparedStatement 说法正确的是哪一个？（   ）

A. 该对象只能执行带问号占位符的预编译 SQL，不能执行 SQL 语句。

B. 该对象执行的时候，只能执行查询语句，其他预编译 SQL 语句只能由 Statement 执行

C. 该对象因为只能执行查询语句，所以该对象不能用在 JDBC 事务中。

D. 该对象与一条 SQL 预编译语句绑定，不能执行其他预编译 SQL 语句。

21. 有关预编译 SQL 语句，说法错误的是哪一个？（   ）

A. 预编译 SQL 可以被 PreparedStatement 反复执行

B. 预编译 SQL 语句在 PreparedStatement 对象创建之后就被传递给数据库解析，之后 PreparedStatement 执行预编译的时候，其实传递给数据库的只有占位符的参数。如果需要批量插入 1 000 条记录的时候，预编译 SQL 只被数据库解析一次，其余都是数据库接收参数数据然后执行，这样的速度大为提高

C. 预编译 SQL 的安全性好，可以抵御数据库脚本注入攻击，而这却是 Statement 所不具备的

D. 预编译 SQL 的占位符既可以替代数据表，也可以替代表达式的数据，甚至是子查询语句

22. 下列选项有关 ResultSet 说法错误的是哪一个？（   ）

A. ResultSet 是查询结果集对象，如果 JDBC 执行查询语句没有查询到数据，那么 ResultSet 将会是 null 值

B. 判断 ResultSet 是否存在查询结果集，可以调用它的 next()方法

C. 如果 Connection 对象关闭，那么 ResultSet 也无法使用

D. 如果一个事物没有提交，那么 ResultSet 中是看不到事物过程中的临时数据

23. SELECT COUNT(*) FROM emp;这条 SQL 语句执行，如果员工表中没有任何数据，那么 ResultSet 中将会是什么样子？（   ）

A. null

B. 有数据

C. 不为 null，但是没有数据

D. 以上选项都不对

24. 下面选项的 MySQL 数据库 URL 正确的是哪一个？（   ）

A. jdbc:mysql://localhost/company

B. jdbc:mysql://localhost:3306:company

C. jdbc:mysql://localhost:3306/company